Private Garden Design 1000 Style
庭院设计1000例 ②

乡村风格－混搭格调－田园时尚

本书编委会 编

中国林业出版社
China Forestry Publishing House

图书在版编目（CIP）数据

庭院设计1000例.2 /《庭院设计1000例》编写委员会编. -- 北京：中国林业出版社，2015.8

ISBN 978-7-5038-8071-1

Ⅰ.①庭… Ⅱ.①庭… Ⅲ.①庭院－园林设计 Ⅳ.①TU986.2

中国版本图书馆CIP数据核字(2015)第163773号

《庭院设计1000例》编写委员会

◎ 成员名单

主　　编：张寒隽

编写成员：张寒隽　蔡进盛　陈大为　陈　刚　陈向明　陈治强　董世雄　冯振勇　朱统菁　桂　州
何思玮　贺　鹏　胡秦玮　胡笑天　黄　莉　黄丽蓉　黄文彬　黄治奇　金海洋　李柏林
李成保　李万鸿　李　扬　刘　洋　邱　洋　任方远　邵　凯　谭　瑶　王敬超　王　帅
黎广浓　林小真　吕爱花　王　兴　周剑青　翁小维　项　帅　谢　辉　徐鼎强　徐经华
许建国　杨　刚　尹　平　由伟壮　岳　蒙　张　波　张承宏　张清华　张兆勇　赵　睿
郑家兴　郑　军　周方成　陶丽萍　汪　晖　王建强　何　璇　陈戈利　周　静　孙　亮
汤双铭　王双梅　王奕文　查　波　王　玮　王远超　陈　武　谢银秋　陈　贻　陈　羽
崔友光　冯始华　徐庆良　傅正麟　龚　骞　叶蕾蕾　易永强　张海涛　胡俊峰　张鹏峰

策　　划：北京吉典博图文化传播有限公司

中国林业出版社 · 建筑分社

责任编辑：纪　亮　王思源
联系电话：010-8314 3518

出　版：中国林业出版社
（100009 北京西城区德内大街刘海胡同7号）
http://lycb.forestry.gov.cn/
E-mail：cfphz@public.bta.net.cn
电　话：（010）814 3518
发　行：中国林业出版社
印　刷：北京利丰雅高长城印刷有限公司
版　次：2015年10月第1版
印　次：2015年10月第1次
开　本：228mm × 228mm　1/12
印　张：39.5
字　数：300千字
定　价：399.00元（全套定价：798.00元）

Preface

前 言

造一处别院 享精致生活

致“庭院设计 1000 例”丛书

“小桥杨柳色初浓，别院海棠花正好”，乍读此句，我们眼前已显现出这温润而美丽的景色。现代人的生活，当有现代人的追求，或田园生活的舒服与随意，抑或城市生活的快捷与便达。物质生活的富足让我们这些现代人有了追求不同生活的条件与权利。而与生活息息相关的居所，便成为我们努力经营与创造的重点。

对于营造居所的设计师，或是居所的主人，要把我们带入到另一个境界，那是非常不容易的，这需要独到的思想和丰富的经验。为此，我们想用这一幅幅作品为大家展现别样的境界，这也算是我们编写此套书的初衷。整套书有六种风格，分别为中式、现代、欧式、乡村、混搭和田园，也算是针对不同人的爱好和需要。我们想通过这些作品的展示，让追求美好生活的人们能找到些灵感，或那些已经有这么一处别院的人亲自设计一番。

“庭院设计 1000 例”是“庭院设计”出版历程中的鸿篇巨著，更是一次别院空间设计的旅行，我们希望大家在这次旅行中能唤醒一些美的情愫，发现通往自己内心的另一条道路，从一幅幅作品中，我们也能看到设计师在为我们美好的生活而努力。而翻看此书，我们更希望大家能去追求真正美好而精致的生活。

在此，我们要感谢这些为我们提供作品的每一位设计师，或者是别院的主人，因为他们的追求，才使得我们能为更广大的你们呈现美好的画篇。

编著者

Contents

目录·乡村风格

Contents

目 录 · 混搭格调

Contents

目 录 · 田园时尚

Flower & Villa

花语墅

Location: Shanghai，China **Courtyard area:** 300 m²

Design units: Shanghai Hothouse Garden Design Co.,Limited

项目地点：中国 上海市 **占地面积**：300平方米

设计单位：上海热枋花园设计有限公司

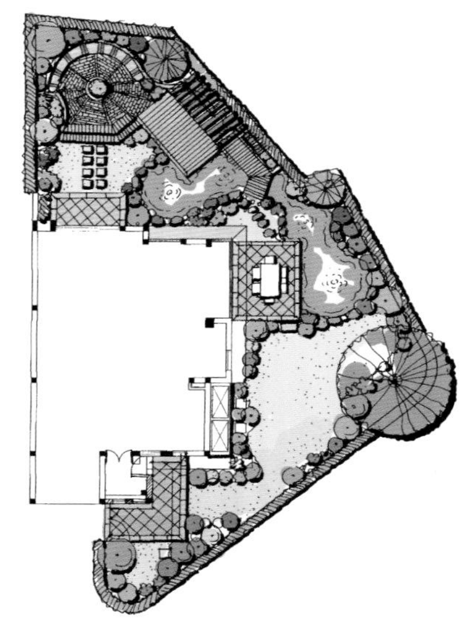

这座花园位于上海市闵行区颛桥镇，花园占地 300 多平米。

业主购买这座别墅是送给她刚退休不久的父母的，为他们安度晚年提供一处清净之所。

花园的地形是一个不规则的三角形，这是我们几乎没有遇到的情况，处理的不好的话，后果会相当糟糕，因而在方案规划上设计者殚精竭虑，遭遇到前所未有的挑战。

周围茂密的乔灌木围合出一个私密、宁静的空间，花坛中点缀了宿根天人菊、美女樱、八宝景天、玉带草等观花观叶植物，丰富了庭院的色彩和层次，庭院中心花钵里盛开的矮牵牛起着点睛的作用，呼应和烘托着庭园的氛围。

丁香
珊瑚树
宿根天人菊
矮牵牛
美女樱

Happy House, Zhangjiagang

张家港怡佳苑

Location: Zhangjiagang，Jiangsu，China　**Courtyard area:** 300 m^2
Design units: Shanghai Hothouse Garden Design Co.,Limited
项目地点： 中国 江苏 张家港　**占地面积：** 300平方米
设计单位： 上海热枋花园设计有限公司

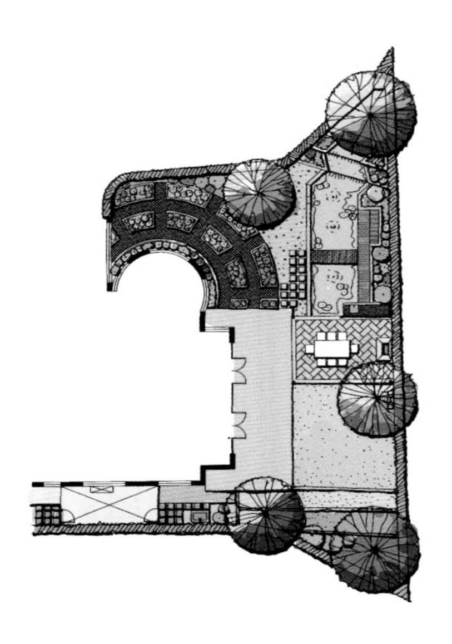

这是一座位于张家港市体育馆东侧的花园，占地三百多平方米，全朝南，小气候相对温暖，先天条件比较优越。业主是通过她的软装设计师联系到我们的，是位非常热爱生活同时也具有较高品味的太太，现在住的房子和花园都是6年前装修的，已经开始落伍了，业主决定重新装一次。张家港的别墅量很少，在花园设计建造方面，大家都没有什么研究，就是种几株大树铺铺草坪而已，这当然无法满足极富超前意识的业主的要求了，于是“不远万里”来上海委托设计者为她的花园提供设计。

郁郁葱葱的植物布置在水池周围，形成一个山间幽谷的世界。几何形的花坛随意布置各种花草，给人一种井然有序而又欢快活泼的感觉。庭院主人可以根据季节和喜好，在不同的花坛中亲手种植各种观赏植物甚至蔬菜瓜果，享受庭园种植的乐趣。

珊瑚树
红花檵木
睡莲
再力花
鸡爪槭
八仙花
肥皂草
月季
金鸡菊
黄金菊

Dream House

观庭

Location: Shanghai，China **Courtyard area:** 500 m^2

Design units: Shanghai Hothouse Garden Design Co.,Limited

项目地点： 中国 上海 **占地面积：** 500平方米

设计单位： 上海热枋花园设计有限公司

观庭位于上海青浦区徐泾镇。是一个纯独栋赖特风格的别墅小区的豪华社区，每户平均占地近 1000 平方米。我们这个案子花园 500 平方米，分为南院，北院和下沉花园三大块。

在这个精心设计的庭园里，一切都井然有序。各种观叶灌木和草本植物种植在墙角和水池沿岸，柔化了庭园轮廓。一条小径穿过开阔的草坪，构成一幅迷人的景色。

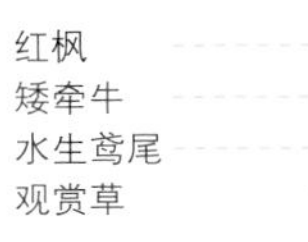

Sunny Garden
新律花园

Location: Shanghai, China **Courtyard area:** 200 m^2
Design units: Shanghai Hothouse Garden Design Co.,Limited
项目地点：中国 上海 **占地面积**：200平方米
设计单位：上海热枋（HOTHOUSE）花园设计有限公司

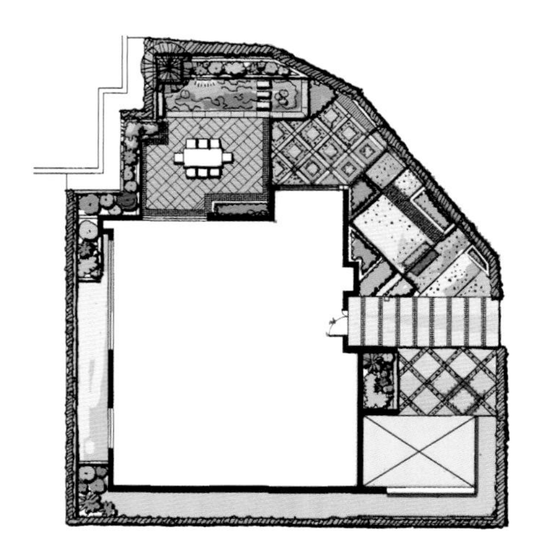

这个花园位于上海虹桥地区，西郊宾馆北边，200多平方米，是一个不规则的地形。

业主购买这处房产是用于投资并且出租的，因为租客主要是面向古北虹桥这一区域的外籍高级企业管理人员，所以对室内装饰和花园的要求都比较高。

业主偏爱极简风格，在花园方面希望看上去清爽干净，不需要太多的植物，易于打理，另外外籍家庭一般儿童较多，要预留充足的活动空间给孩子们。

这是一个简约的庭园，仅在庭园四周布置了杜鹃、菖蒲、常春藤、千屈菜等灌木或宿根花卉，不需要精心维护，就能保持较好的观赏效果。

With Embellish 80 Renovation in California

加州同润80号改造

Location: Shanghai，China **Courtyard area:** 50 m^2
Design units: Shanghai Hothouse Garden Design Co.,Limited
项目地点： 中国 上海 **占地面积：** 50平方米
设计单位： 上海热枋花园设计有限公司

Sarah是热枋花园的植物配置师，她的那座英国乡村风格花园曾经引得无数花园控们前来参观，各大园艺杂志媒体竞相报道，这让 Sarah自豪了好一阵子。

但是时过境迁，去年Sarah改变了主意。为什么？打理这样的一座花园实在太费时费力了，虽然才50多平方米，却不得不每天消耗至少一个小时，浇水，修剪，割草，驱虫，稍一懈怠，它立马还你颜色。

这是一个充满园艺乐趣的花园，植物种类丰富，看似随意却是经过精心的配置。植物以蓝紫色花系为主，期间点缀少许红色和白色花草，营造出一种浪漫温馨的感觉。

月季
金山绣线菊
银叶菊
红花檵木
草莓
美女樱
八仙花
耧斗菜

Sheshan No.3

佘山三号

Location: Shanghai，China **Courtyard area:** 120 m^2
Design units: Shanghai Hothouse Garden Design Co.,Limited
项目地点：中国 上海市 **占地面积**：120平方米
设计单位：上海热枋花园设计有限公司

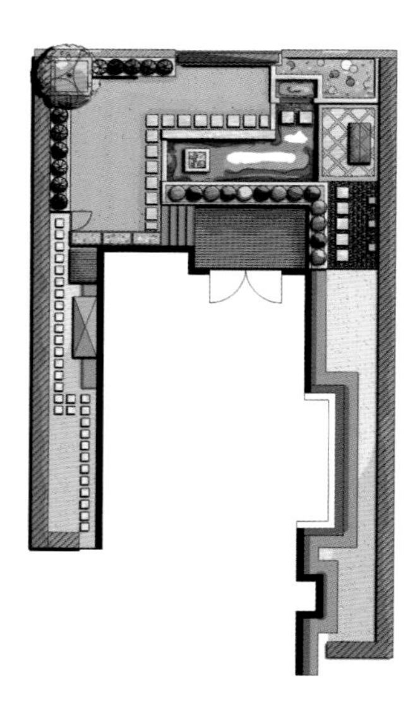

业主是位美籍华人，投资界人士，常年往返于纽约、上海、香港之间。佘山三号地处佘山脚下，自然风光秀丽，空气清新，不像闹市区那么嘈杂。于是业主把这里作为他在上海的家。“朋友们也大都散布在附近，互相串门也很方便，到机场也不过半小时车程……”业主非常随和，一脸阳光，从胳膊和小腿上突出的条条肌肉来看，他是位热爱运动的人士。

这是一个简洁、格调高雅的庭园。植物均布置在种植池中，这一布置突出了建筑和庭园规则的格调，不同观赏特点的植物使得庭园富于变化的节奏和韵律，同时和草坪中的踏步也相互呼应。

Vanke Spring Dew Mansion

万科朗润园54号

Location: California，USA **Courtyard area:** 50 m^2
Design units: Shanghai Hothouse Garden Design Co.,Limited
项目地点：美国 加利福尼亚 **占地面积**：50平方米
设计单位：上海热枋花园设计有限公司

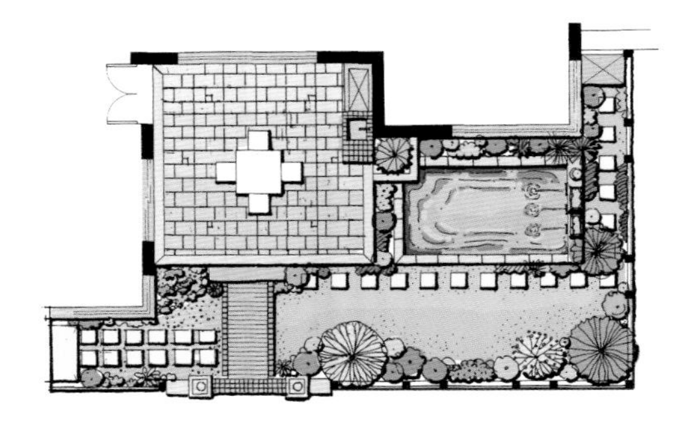

这座五十多平米的入户花园是一个改造项目，位于闵行区七宝镇的万科朗润园，业主 Danney 小姐是位知性优雅的女性，她非常热爱园艺，业余时间里她最大的爱好就是收集各种奇花异草，说到园艺植物，她如数家珍，足以令我们很多园艺同行汗颜。

不同形状、不同色彩、不同质感的植物精心的布置在水池旁和院墙周围，庭园主人即可欣赏植物四季的变化，亦可品尝庭园修剪以及在园中散步的乐趣。

Modern Tea Garden

现代茶园洋房

Location: London，England　**Courtyard area:** 32 m²

Design units: Studio Lasso

项目地点： 英国 伦敦　**占地面积：** 32平方米

设计单位： Studio Lasso

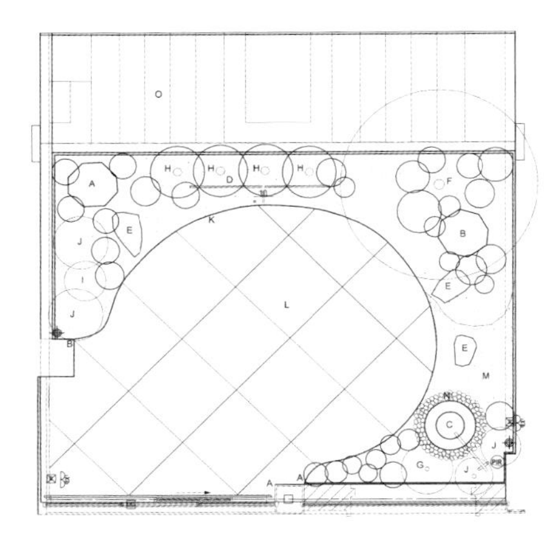

景观包括很多不同的方面，如一个地区的历史、地理、地形和社会。在概念设计阶段，我们尊重场地的地方特性，加强地区的特色。

我们所采用的主要方法就是对景观的基本三维要素 —— 光(火)、风、水和土进行设计，并将其形象地表达出来。

通过在空间中加入一些与个人经历相关、深藏在某个人心中的四维元素，如时间和记忆，空间也可以成为一个艺术作品。

在空间营造方面，我们对自然和美感采用了细腻的设计手法。我们志在通过对日式传统庭院的诠释及日式传统庭院的理念和技能的结合，打造出当代景观设计的新典范。

绿竹枝叶婆娑，在玻璃和白墙上投下斑驳的光影，秀美的羽扇槭和翠绿的地被植物更是为庭园增添了雅趣和清凉，营造出一个清爽宜人、充满禅意的茶园。

Trenton Drive

特伦顿大道

Location: California， USA **Courtyard area:** 2035 m^2
Design units: Ecocentrix
项目地点：美国 加利福尼亚 **占地面积：**2035平方米
设计单位：Ecocentrix

这座殖民复兴风格的住宅位于加州贝弗利山，我们的任务是对住宅的花园进行改造，重新为花园注入活力。我们遇到的最大挑战莫过于要在原有的不规则形状的游泳池周围设计一个轮廓清晰的古典住宅花园。通过采用人字形和网织篮式铺砖的方法，配以其它区域的“X”型铺设方法以及场地的辅助设施，我们将水池打造成了空间的“焦点”。修剪整齐的黄杨和高大的细叶罗汉松种植在花园的周围，包围着其它多种多样的植物。

修剪整齐的小叶黄杨绿篱围合成不同的形状，其间布置不同的植物，植物主要以绿色调的观叶植物为主，郁郁葱葱，营造出一种简单但充满生机的庭园氛围。

细叶罗汉松

小叶黄杨

Town House Garden

城市住宅花园

Location: Tokyo， Japan **Courtyard area:** 13.7 m^2
Design units: Studio Lasso
项目地点：日本 东京 **占地面积：**13.7平方米
设计单位：Studio Lasso

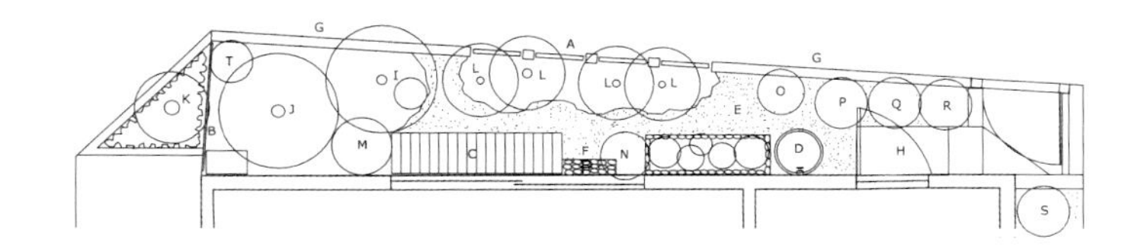

住宅位于东京高度密集的地区，客户希望自己的住宅和花园能够融入一些大自然的气息。花园在客厅的外面，这样我们设计的时候就可以尽可能多地进入天然的能量，如光与影、风以及树叶在微风中摆动的声音。建筑现代的日式风格与东京现代的生活方式相呼应，尤其是采用了属于日本传统的住宅形式的木屋。

这是一个面积较小的庭园，因而植物主要以小体量的种类为主。鸡爪槭和紫竹形态秀美、枝叶婆娑，透过枝叶，光与影的配合令人非常愉快，风摇影动，别有一番风味。

Coastal Island Retreat

沿海岛屿隐居寓所

Location: South Carolina，USA **Courtyard area:** 263 045 m^2

Design units: Oehme Van Sweden Landscape Architecture

项目地点：美国 南卡罗莱纳州 **占地面积：**263 045平方米

设计单位：Oehme Van Sweden Landscape Architecture

这个南卡罗莱纳州沿海岛屿曾经是一个水稻种植园，现在是一个私人的社区，致力于保护着3000英亩的海岸森林和3500英亩的原始沼泽地。开发指导方针保护着这儿的生态系统，景观设计师与岛上的这些自然主义员工紧密合作以符合社区栖息地审查指南的要求。

虽然没受到工业的开发，但这里的风景还没从农业使用中恢复过来。景观设计师面对的挑战包括与侵蚀过的夯实土壤打交道，和使这块地方摆脱入侵的物种。

树干挺直的棕榈主干不带一点枝叶，在垂直方向上形成强烈的效果，同时其色泽和形状又同日式建筑的立柱遥相呼应，使得建筑同周围的自然环境联系起来。低矮的锯叶棕既丰富了平台的质感和色彩，又对景观视线不产生遮挡，在庭园中就可以欣赏到远处的湿地、植物群落和溪流。

Sequoia (show garden)

红杉（展示花园）

Location: Dublin，Ireland　**Courtyard area:** 80 m^2

Design units: Hugh Ryan Landscape Design

项目地点： 爱尔兰 都柏林　**占地面积：** 80平方米

设计单位： Hugh Ryan Landscape Design

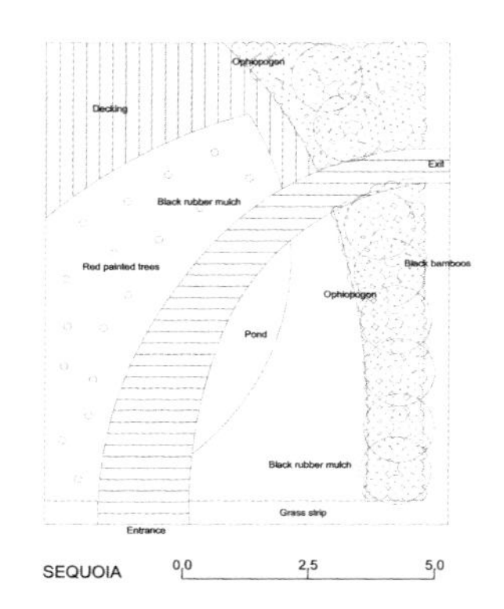

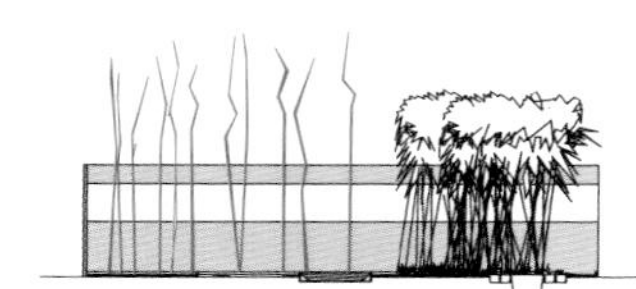

我希望大多数人在日常生活的各个方面中都能够重视传统，因为如果没有它，我们就少了一个可以为我们的旅行指引方向的“六分仪”。园艺具有悠久而且辉煌的历史，可以算作人类最早的活动之一。

然而，传统并非是一个静止的现象，要将它发扬光大，就必须使其不断发展。传统经常会与正统甚至原教旨主义混淆在一起，对这个观点，我感到很遗憾。在这个花园中，我想表达很多理念，但是最重要的一点就是，我希望这个花园可以引起人们的注意，并向人们介绍另一种前瞻性的室外空间营造手法，改善我们的城市景观。

在黑麦冬和黑色橡胶颗粒地面的背景中，红色的枯树枝与秀丽的紫竹之间构成非常幽默的对比，水池和不锈钢的镜面作用更是加强了这种戏剧性的效果。

Legacy Home

新新家园

Location: Beijing，China **Courtyard area:** 60 m^2
Design units: Landscaper-China
项目地点：中国 北京 **占地面积**：60平方米
设计单位：北京澜溪润景景观设计有限公司

简约的南加州风格庭院是本案的特点，庭院的功能空间规划了庭院的户外厨房区，开阔的空间可以提供多功能的活动场地，这里可以为主人提供就餐及休闲娱乐的空间，带有跌水景观的水池是庭院空间的视觉焦点，开放式的廊架将庭院的不同空间加以区分，围合庭院空间界面以新古典主义的装饰手法设计，空间造型简洁明快。

庭院的风格具有南加州及地中海样式的共同特点，主要体现在庭院背景墙上的装饰线条以及开敞的廊架，在这里采用大尺度的装饰线条与室外及室内的装饰手法相呼应，主景墙上的装饰壁炉完全被水景所代替，显得很特别；水池的造型以庭院的中心轴线展开，突出了南加州的特色。地面的铺装及墙面的装饰也突出了明显的风格特征，采用西班牙风格的红色地砖作为庭院的大面积铺装，给人以亲切的感受，庭院中一部分区域采用锈石作为铺装，突出自然的情调并与总体的氛围相一致。

依据植物的观赏特性，采用不同种植方式来布置植物，这样既节约空间，丰富景观层次，也使庭园空间更为灵动。

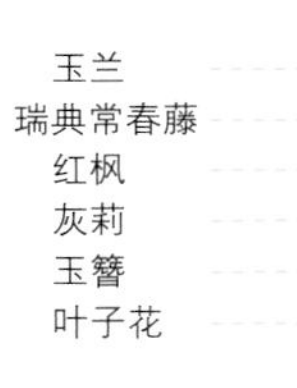

Between Flowers and Stones

花石间

Location: Beijing，China **Courtyard area:** 150 m²
Design units: Kids gardendesign
项目地点： 中国 北京 **占地面积：** 150平方米
设计单位： 宽地景观设计有限公司

这是一个 L 型的庭院，庭院内设置了户外厨房，独立的就餐区、水景观赏区和休闲区等几个功能部分，设计风格带有美式乡村的设计特点，总体色调采用了靓丽的色彩作为主色，塑造了阳光妩媚之下的悠闲氛围。

植物主要以常见的瓜果蔬菜为主，如海棠、茄子、青椒以及黄瓜等，四时变化，可以体验劳作的快乐，也有收获时的喜悦。

玉兰
海棠
黄瓜
青椒

Unfolding Terrace

展开平台

Location: Brooklyn，New York，USA **Courtyard area:** 374 m^2
Design units: Terrain-NYC,Inc.,
项目地点：美国 纽约 布鲁克林 **占地面积：**374平方米
设计单位：Terrain-NYC,Inc.,

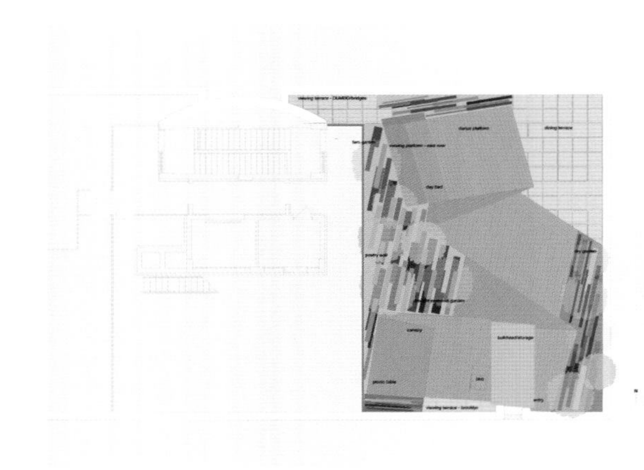

屋顶景观即是一座城市的代言，排屋展现大规模城市工业景观的基础设施，并伴随花园生活空间的气氛。通过这些交叠的屋顶，做一个创造大量空间的计划。房屋的墙壁也都很有特色和诗意，屋顶景观营造了城市的自然概念——对文化和艺术的阐释。

桦树树姿清秀，在彩色玻璃的映衬下，形成一种如诗如画的感觉。蓝刺头、八宝景天、秋海棠、金光菊等草花植物为画面增加了丰富的色彩和质感，组成一幅秀丽的风景。

Paysage Impression Villa

山湖印象别墅

Location: Hangzhou，China **Courtyard area:** 400 m²
Design units: ABJ Landscape Architecture & Urban Design Pty., ltd [ABJ]
项目地点：中国 杭州 **占地面积**：400平方米
设计单位：澳斯派克(北京)景观规划设计有限公司

项目位于浙江省临安市青山湖西岸，西依原生态森林，东临灵气汇聚的青山湖，坐拥优势临湖资源，距临安市区 3 千米，距杭州 38 千米。

本项目定位高档独立式住宅区，本着“品质为先，创造价值”的理念，全力打造具有优良人居环境的高档社区。

依地形布置的红花檵木、洒金桃叶珊瑚、金叶女贞等彩叶灌木以及盛开的三色堇将庭院入口妆扮得多彩多姿，同时植物的色彩与院墙和建筑形成很好的对照和呼应。

Greening Planning for NAK Life Club

茂顺生活会馆绿化规划

Location: Taiwan，China **Courtyard area:** 1400 m^2
Design units: Miilet design
项目地点： 中国 台湾 **占地面积：** 1400平方米
设计单位： 米页设计

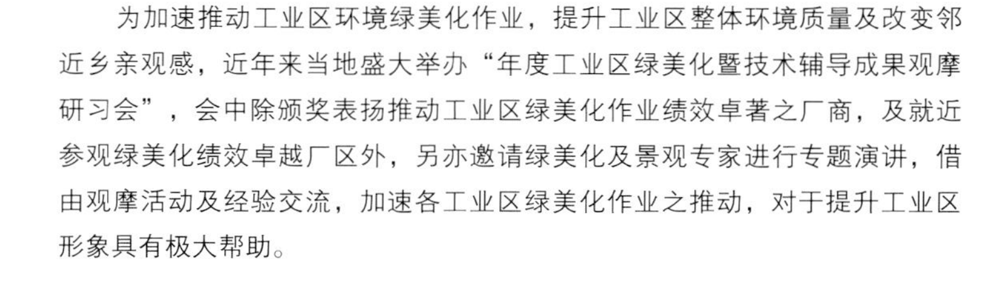

为加速推动工业区环境绿美化作业，提升工业区整体环境质量及改变邻近乡亲观感，近年来当地盛大举办“年度工业区绿美化暨技术辅导成果观摩研习会”，会中除颁奖表扬推动工业区绿美化作业绩效卓著之厂商，及就近参观绿美化绩效卓越厂区外，另亦邀请绿美化及景观专家进行专题演讲，借由观摩活动及经验交流，加速各工业区绿美化作业之推动，对于提升工业区形象具有极大帮助。

这是一个半户外空间，光照不是很充足，选择南天竺、秋海棠等耐阴性植物将会更适应于环境，进而取得更好的景观效果。

南天竺
竹
蓝亚麻
秋海棠

Cottage Villa, Nantou

南投农舍别墅

Location: Taiwan，China　**Courtyard area:** 5600 m^2

Design units: Miilet design

项目地点：中国 台湾　**占地面积：**5600平方米

设计单位：米页设计

入口迎宾车道两侧利用天然磊石而成的花台，让石缝间透露出绿意，更衬托出花丛间的多层次。

后院主要规划了绿映散步道、烤肉休憩平台、果树区、菜圃区、儿童游戏区，让居家休闲有更多的活动私密空间。

中庭规划则采日式庭园风格，主要以黄蜡石、白卵石、版岩石踏板、槭树、松柏等元素构成。

这是一个简洁却精致的庭院，植物高低错落、层次分明、疏密有致。修剪整齐的灌木在色彩、质感和形态上与黄蜡石形成鲜明的对比和呼应。庭园中自然的曲线美和建筑的直线美共存，令人倍感舒适。

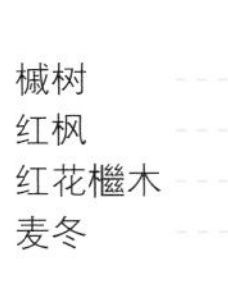

East Town Landscape

东町庭院

Location: Shanghai，China **Courtyard area:** 200 m²
Design units: Shanghai East Town Landscpae Design Engineering Co.,Ltd
项目地点：中国 上海 **占地面积**：200平方米
设计单位：上海东町景观设计工程有限公司

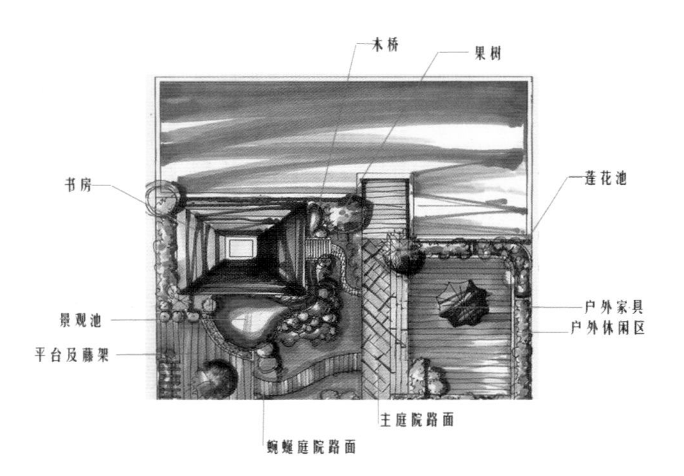

庭院设计时主要是考虑到在很小的面积内展现更好的设计元素，所以庭院在造景时考虑到怎么把这些需求做好是最主要的，这个庭院和一般家庭的庭院相比有其独特之处。

在这个精心设计的庭院里，体现了生态平衡、人与自然和谐相处，各种花卉簇拥在水池旁，欣欣向荣，草坪上的小动物悠然休憩，一条蜿蜒小径穿过草坪，构成一幅美丽的景色。

柑橘
桂花
矮牵牛
八仙花
金叶女贞

Portland

波特兰

Location: Beijing，China　**Courtyard area:** 260 m^2
Design units: 北京陌上景观设计有限公司
项目地点： 中国 北京　**占地面积：** 260平方米
设计单位： Beijing Msun Yard Landscape Design Co,.Ltd

本案的庭院设计以自然的设计手法再现返璞归真、粗犷的景观环境。庭院采用火山石作为硬装材质，这些元素所体现的肌理感突出乡村风格的特征，细的沙石铺地与碎拼的火山石小径呈现规整的自由形态，活跃了庭院空间的氛围；庭院设计与主体建筑空间之间具有良好的对应关系，统一感强，突出了典雅的气势。经过精心种植的灌木作为建筑外墙与庭院草地之间的过渡元素，不同区域的过渡变得自然而亲切。

花园用大面积的草坪作为室外景观空间，考虑了室内外空间之间的相互对应关系，保证了整体大气、简约的设计风格在室、内外之间的衔接与过渡；在视线上大面的草坪为建筑在室外空间提供了欣赏建筑本身的场地空间，并保证建筑不至于对人产生压抑感，空旷的庭院场地设计考虑了场地空间中建筑与庭院的视线关系，采用高低搭配的植物丰富了空间的立体层次，使得建筑在不同的角度都有丰富的背景作为映衬。

庭园采用大面积的草坪作为室外景观空间，既呼应了了建筑的整体风格，又保证了足够的景观视线空间。墙角的灌丛软化了建筑边界，也起着建筑到庭园良好的过渡作用。

Napa Invime

纳帕尔湾

Location: Arizona，USA **Courtyard area:** 120 m^2

Design units: 北京陌上景观设计有限公司

项目地点：中国 北京 **占地面积：**120平方米

设计单位：Beijing Msun Yard Landscape Design Co,.Ltd

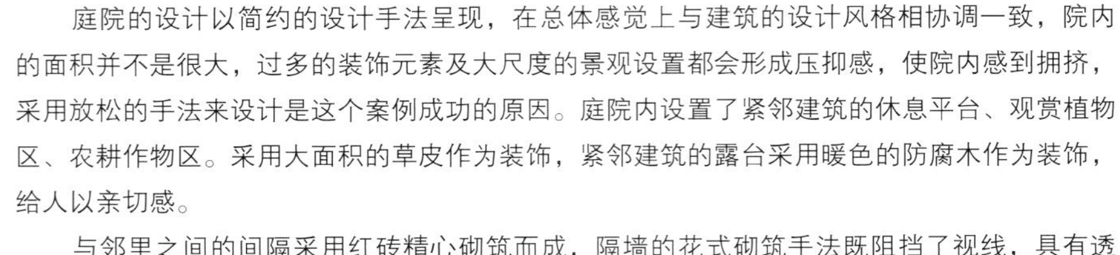

庭院的设计以简约的设计手法呈现，在总体感觉上与建筑的设计风格相协调一致，院内的面积并不是很大，过多的装饰元素及大尺度的景观设置都会形成压抑感，使院内感到拥挤，采用放松的手法来设计是这个案例成功的原因。庭院内设置了紧邻建筑的休息平台、观赏植物区、农耕作物区。采用大面积的草皮作为装饰，紧邻建筑的露台采用暖色的防腐木作为装饰，给人以亲切感。

与邻里之间的间隔采用红砖精心砌筑而成，隔墙的花式砌筑手法既阻挡了视线，具有透气的作用，呼应了周边的环境。院内的小径铺装细致而富于变化，表面粗糙的肌理感充满了返璞归真的气质，细腻的铺装图案使人感到亲切，充分体现了乡村式花园景观的特色。

翠绿的垂盆草铺满整个庭园，状如一张绿毯，黄色的金光菊、紫色的蛇鞭菊，红色的月季等花卉点缀在庭园的各个角落，营造出一个自然野趣的庭园景观。

金光菊
蛇鞭菊
垂盆草

Dragon Bay

龙湾

Location: Beijing，China **Courtyard area:** 150 m²
Design units: Beijing Msun Yard Landscape Design Co,.Ltd
项目地点：中国 北京 **占地面积：**150平方米
设计单位：北京陌上景观设计有限公司

本案在总体规划中充分结合庭院空间尺度，对庭院空间的不同装饰元素进行了合理地搭配和组合，将入口及路径的形式做了简单的调整，使得庭院看上去规整、有序。庭院内的视觉设计统一而富于变化，打破了狭小空间容易形成的压抑感。通过对庭院的细节精心处理，院内的造型层次变化丰富，总体形象小巧而别致，空间气氛别有洞天。

生动感是进入庭院的最大感受，首先源自对空间节奏的规划和把握，运用开、合、收、放的景观空间处理手法作为这个庭院空间节奏的主线，将庭院入口区的路径变成折线的形式，结合地面铺装的形式变化丰富视觉层次，引导人的视线进入到下一个空间范畴。在庭院四周的界面种植竹子及相对高大的树木形成了绿意葱葱的效果。庭院中心布置了日式的水景造型，采用整体石材雕琢而成，粗犷而自然，驻留于庭院之中可闻汩汩突泉之音，这些手法营造出清新宜人的空间气氛。本案设计的经典之处在于利用庭院有限空间创造出丰富的变化，营造出精致宜人的庭院生活氛围。

庭园轮廓通过竹子和其它乔灌木的栽种变得柔和，围合成一个绿意盎然的小天地。八仙花和珍珠梅等小灌木起着过渡的作用，花开时也为庭园增添亮丽的色彩。

华北珍珠梅
石榴
竹子
八仙花
金叶女贞

Noble Mansion

燕西台

Location: Beijing，China　**Courtyard area:** 140 m²
Design units: Beijing Msun Yard Landscape Design Co,.Ltd
项目地点： 中国 北京　**占地面积：** 140平方米
设计单位： 北京陌上景观设计有限公司

用绿意盎然来点缀或改善空间的环境是庭院设计比较奏效的设计手法之一，这个案例的室外空间并不富裕，设计师采用了精致的设计手法与空间巧妙搭配，起到了意想不到的效果。首先体现在场地绿化面积的规划上，这个院落的场地狭长缺少开阔的空间，建筑与场地之间的距离比较近，容易产生压迫感。该案的绿化设计采用了收放结合的设计手法，将庭院的围合空间分成封闭及开放两种形式，并充分考虑季节的变化对景观环境的影响，采用花篱作为围墙的一个部分，这样围墙在视觉上既通透，又在不同的花季形成色彩上的变化，给人以时间变化上的提示。在与邻里分隔的位置采用封闭的围墙，保证空间的私密性；利用这些围墙作为景观的背景，设计了日式的景观，给人以清新、雅致的感受。

沿着院墙种植了樱花、珍珠梅、石榴、小叶黄杨等乔灌木，围合出一个宁静私密的庭园空间，下层点缀着金光菊、波斯菊、蛇鞭菊等时令花卉，增加了色彩和层次。但由于植物种类过多，稍显杂乱，如果仅以鸡爪槭、竹子搭配玉簪、麦冬来衬托这一组日式小品效果或许更好。

Blue Lake, Professors' Paradise

教授的乐园

Location: Beijing，China **Courtyard area:** 418 m^2

Design units: Beijing Shuaitu landscaper Gardening Co.,Ltd

项目地点：中国 北京 **占地面积**：418平方米

设计单位：北京率土环艺科技有限公司

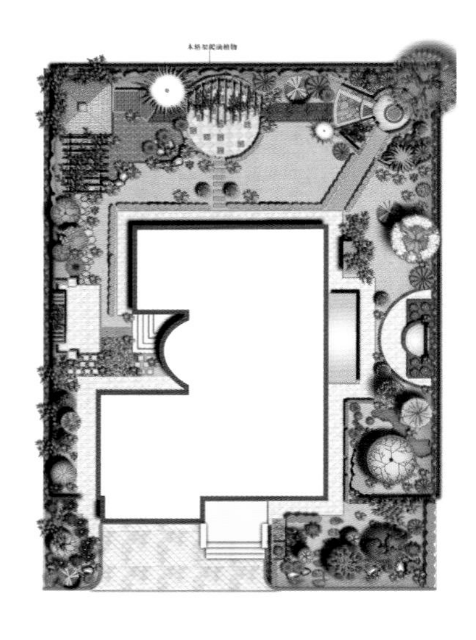

对于以老年生活为主的庭院，我们淡化了风格，增加了健身健康的目的，沿着弯曲的小道健步蹒跚，甬道两旁的花香袭来，沁人心脾，每隔一段都有一景，一个可以坐下来观花或者观水斗鱼的小场地，使散步变得有趣。

庭园周围修剪的大叶黄杨绿篱围合出一个私密的空间。抬高的花池中种植了月季、牡丹及棣棠等花灌木，使得春夏季都有花可赏。路缘和草坪中点缀着灌木和宿根花卉，方便管理。

High-grade Villa Garden

高档别墅花园

Location: Foshan，Guangdong，China **Courtyard area:** 700 m²
Design units: Guangzhoushi Yuanmei Environment Art Design co.Ltd
项目地点：中国 广东 佛山 **占地面积**：700平方米
设计单位：广州市圆美环境艺术设计有限公司

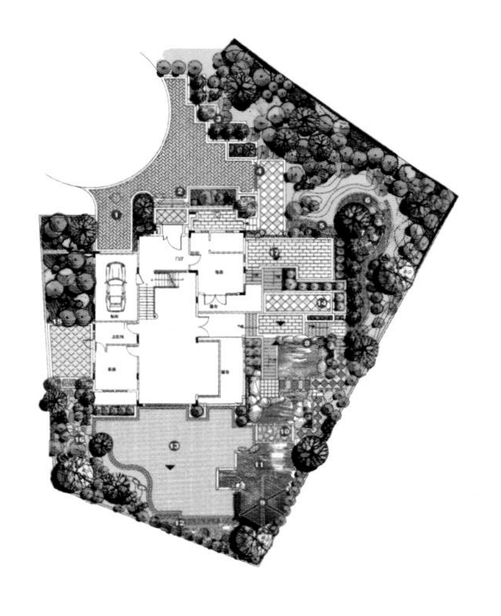

这是一个建立在高地之上的别墅庭院，庭院的设计充分结合地形的特点，将基地的环境与庭院的景观有机结合在一起。设计师通过对高差及地形的合理规划创造了层次丰富的景观环境。

庭园位于坡地上，景观层次多样，因着地形布置了各式观赏植物。高大的荔枝树环绕建筑周围，其枝叶茂密而青翠，将庭院烘托得生机勃勃，待其果实成熟时，果实累累，可观可食，给庭园带来无限趣味。

荔枝
春羽
月季

Landscape Design of Legacy Homes Vantone Casa Villa

天竺新新家园

Location: Beijing，China　**Courtyard area:** 450000 m^2
Design units: Shenzhen L&A Landscape and Architecture Design Co.,Ltd.
项目地点：中国 北京　**占地面积**：450000平方米
设计单位：深圳奥雅景观与建筑规划设计有限公司

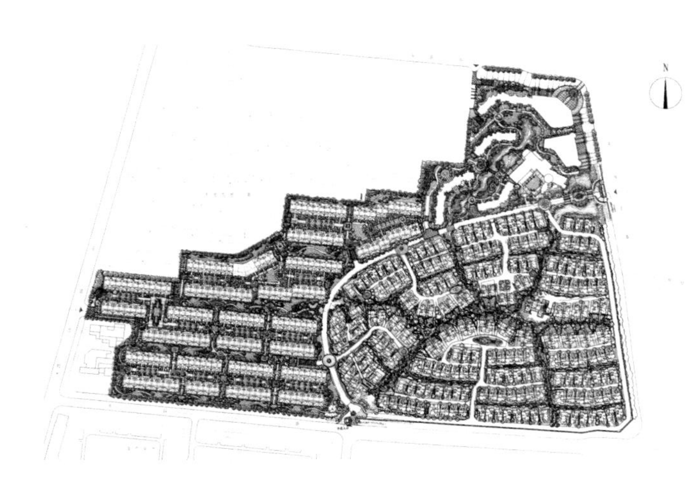

该项目位于北京市区东北方向，地势基本平坦，北高南低。本案设计充分利用社区有机排布的三个分区：溪谷纵横贯穿，布局松散的别墅区；花园环环相连、色彩斑斓的多层区；拥有大面积优美湖景的高层区。设计运用现代纯熟的景观处理手段，疏密有致的景观节点设置，收放自如的空间布局形式，使整个社区浑然天成，和谐有序。社区规划疏朗的景观肌理，加之建筑配以浅米黄色石材和红瓦营造出极富特色的托斯卡纳风格，吸引那束穿透心扉的阳光。社区景观整体分三个板块：高层区湖景，一区绿溪，二区花园。

阳光透过上层乔木在建筑和地面上洒下斑驳的光影，赤陶花盆中盛开的黄色和红色花朵绚丽多彩，显得格外耀眼，同时也呼应着建筑和铺装的色彩，共同将庭园妆扮得温馨而舒适，营造出极富特色的托斯卡纳艳阳风情。

西府海棠
海芋
紫松果菊
夏堇
菊花

Eastern Provence garden

东方普罗旺斯

Location: Beijing，China **Courtyard area:** 12000 m^2
Design units: Hugh Ryan Landscape Design
项目地点：中国 北京 **占地面积：**1200平方米
设计单位：Hugh Ryan Landscape Design

北京东方普罗旺斯别墅位于昌平北七家镇，该别墅庭院是园区内面积最大的临河庭院，北侧是一人工河，设有亲水平台，远望河对岸，是一大片银杏林，自然风光十分美丽，该别墅建在河南岸约50米处，有自然坡度，整个庭院比较规整，右侧临园区步行小路，左侧隔墙是邻居，设有左侧前院门和右侧后院门，后院门可以步行来到人工河的亲水平台，有小船可以到河内一游。

珍珠梅、鸡爪槭、丁香、修剪整齐的小叶黄杨，还有其它一些植物独具匠心地组合在一起，装饰着庭园里这条舒适、蜿蜒的小径，园主人可以享受在园中闲庭信步的乐趣。

The Dongguan Peak Scene Golf

东莞峰景高尔夫

Location: Guangdong，China **Courtyard area:** 300m²

Design units: Forest wood · Landscape Design Co. Ltd
Forest wood · Private Courtyard Villas Landscape Design&Constuction Co. Ltd

项目地点： 中国 广东 **占地面积：** 300平方米

设计单位： 广州 · 德山德水 · 景观设计有限公司
广州 · 德山德水园林 · 景观工程有限公司

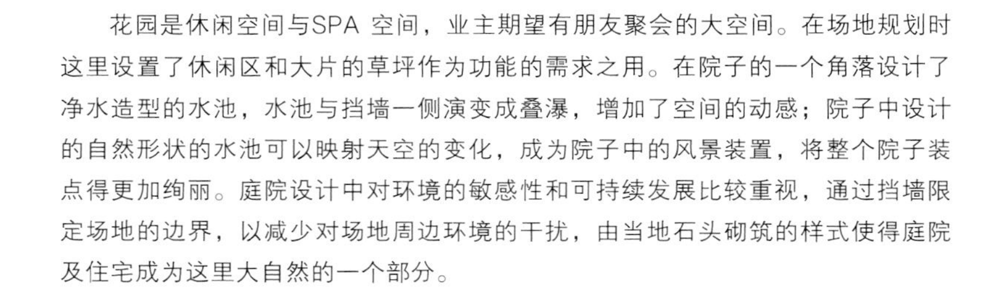

花园是休闲空间与SPA 空间，业主期望有朋友聚会的大空间。在场地规划时这里设置了休闲区和大片的草坪作为功能的需求之用。在院子的一个角落设计了净水造型的水池，水池与挡墙一侧演变成叠瀑，增加了空间的动感；院子中设计的自然形状的水池可以映射天空的变化，成为院子中的风景装置，将整个院子装点得更加绚丽。庭院设计中对环境的敏感性和可持续发展比较重视，通过挡墙限定场地的边界，以减少对场地周边环境的干扰，由当地石头砌筑的样式使得庭院及住宅成为这里大自然的一个部分。

庭园中郁郁葱葱的植物高低错落、层次分明、疏密有致，一条清澈的小溪流淌其间，让人仿若置身于山林溪涧，忘记了城市的烦嚣。

Phoenix 8

凤凰城8号

Location: Guangdong，China **Courtyard area:** 450m²
Design units: Forest wood・Landscape Design Co. Ltd
Forest wood・Private Courtyard Villas Landscape Design&Constuction Co. Ltd

项目地点： 中国 广东 **占地面积：** 450平方米
设计单位： 广州・德山德水・景观设计有限公司
广州・德山德水园林・景观工程有限公司

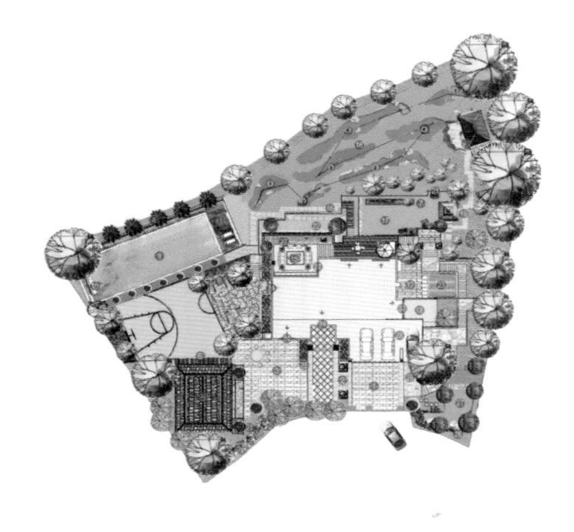

本案建筑为欧陆偏现代风格，庭院设计为了与建筑的风格协调统一，在构图上采用现代的设计手法，后庭院分为动、静两个区域，在空间上也强调了疏密关系及软硬对比，同时也强调功能性。

苗圃花木的处理上力求自然，雕饰绝不夸张，有着乡村般的、纯粹的浑然天成。在树木的高低错落中，在小径与草地的自由穿梭中，莫名的花朵的幽香中，小品的点缀，展现平实而浪漫的庭院特点。营造温馨、亲人、纯真且富于生机的私家花园。

各种造型植物配置在水池的周围，悬在水池上方的是鸡蛋花，水中种植了荷花、睡莲、大薸和旱伞草等水生植物，天光云影倒映其中，组成一幅迷人的景观。

Scene Of New Town Villas

汇景新城别墅

Location: Guangzhou，China **Courtyard area:** 350 m²

Design units: Guangzhou wei chao garden landscape design Co., Ltd.

项目地点：中国 广州 **占地面积：**350平方米

设计单位：广州市伟超园林景观设计有限公司

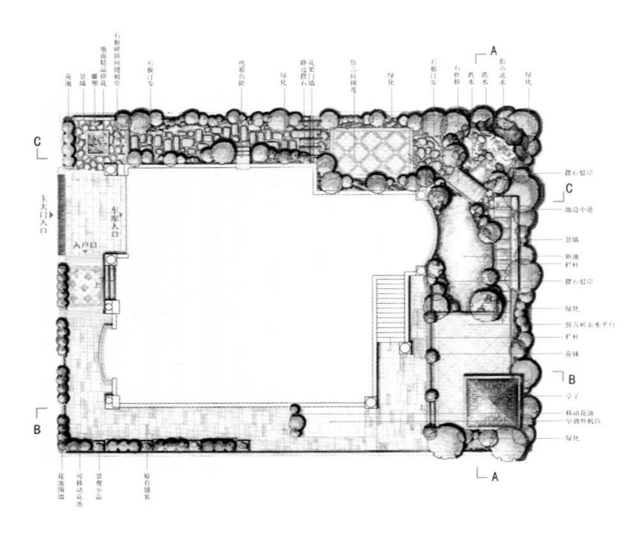

简洁的大门入口，自然式的景观给人以清新感。嵌草踏步带人们进入视野开阔的后庭院。精致的假山造型，清脆的流水声，拱形的小石桥，在绿色的植物从中显得勃勃生机。走过石桥，映入眼帘的是特色景墙，与之呼应的鱼造型雕塑。穿过道路，是一个宽阔的平台，景观木亭屹立其中。在此所有景观见收眼底，享受世外仙境。

这是一个以各种形状的叶片有效组合的、对比鲜明的种植方案，大王椰子、大叶伞、散尾葵和春羽等不同的植物叶型各有特色。大王椰子高大笔直的树干强调了垂直感，春羽则使地面更为生动。

Runze Villas 2

润泽庄园 2

Location: Beijing，China **Courtyard area:** 170 m^2
Design units: Kids gardendesign
项目地点：中国 北京 **占地面积：**170平方米
设计单位：宽地景观设计有限公司

本案在总体规划中充分结合庭院空间尺度，对生活空间的功能进行了合理化改造，将不同功能空间集中设置，使得庭院看上去更加规整、有序。庭院内的视觉设计统一而富于变化，打破了狭窄空间形成的压抑感。庭院的细节设计丰富，与庭院造型之间的搭配统一而协调，突出了设计的整体感。

这是一个充满生活乐趣的庭园，小径两旁种满了茄子、番茄等蔬菜，不仅其果实可以观赏，也为餐桌增添了可口的佳肴。

西府海棠
槭树
番茄
茄子

Vanke Spring Dew Mansion

万科朗润园

Location: Shanghai，China **Courtyard area:** 50 m²
Design units: Homebliss
项目地点：中国 上海市 **占地面积：**50平方米
设计单位：上海香善佰良景观工程有限公司

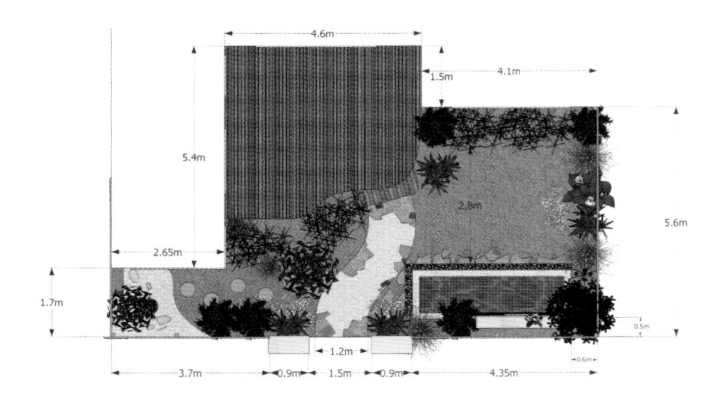

春季来临，希望花园多一份绚烂，多一份清凉。想要足够的户外生活空间，当然也要美丽的景观。小庭院的营造，需要在保证私密性的前提下，依然可以拥有宽敞的活动空间。

花园主人是热爱生活的人，希望拥有舒适的庭院生活。希望花园能够充满生气，也可以为炎炎夏日带来清凉。

对花园空间进行分割利用，注重每个角落的特点。满足主人休憩的需求，同时也让庭院景观丰富起来。对庭院原有物品改造，充分利用到景致中。

红花檵木、海桐、小叶黄杨、也门铁、巢蕨等不同形态、色彩和质感的观赏植物装点在水池的周围，形成庭园的视觉焦点。

A Villa In The Garden

天下别墅

Location: Wuhan，China　**Courtyard area:** 745 m^2
Design units: Wuhan Spring & Autumn Landscape Design Engineering Co., Ltd.
项目地点：中国 武汉　**占地面积**：745平方米
设计单位：武汉春秋园林景观设计工程有限公司

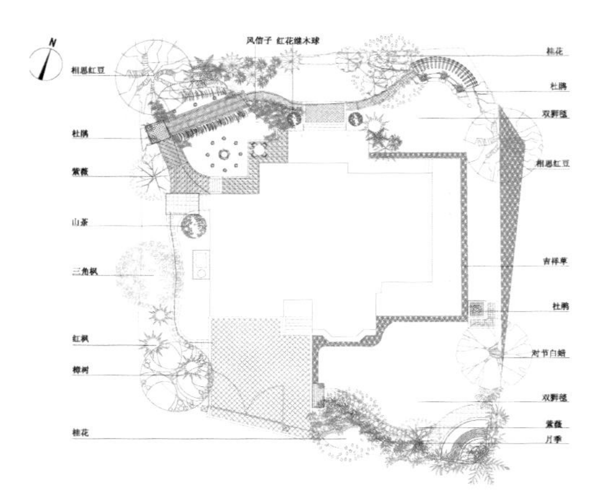

花园坐落于F、天下别墅区。花园东、北方向是邻居别墅，西、南方是入户的园区道路。基地西高东低，高差 0.8 米左右。该花园设计由四部分组成：入口小平台，草地活动区，后院休闲区，水景区。

入口小平台由浅灰色花岗岩铺地及灯饰、花钵组成，是整个花园的前奏区。草地活动区主要由大片草地和草坪灯组成，是整个花园最阳光温馨的地方。后院休闲区是园子最静的地方，带有座凳的欧式花架是休闲、静心的理想场所，绿篱和乔木很好地阻隔室外视线，为后院创造私密空间。

庭园以大面积的草坪为主，其间点缀少许大乔木，给人一种阳光温馨的感觉，草坪边缘种植些许小灌木做绿篱，起着围合和过渡的作用。

Happy House · Summit

雅乐居峰会

Location: Guangzhou，China **Courtyard area:** 680 m²
Design units: Forest wood · Landscape Design Co. Ltd
项目地点：中国 广州 **占地面积**：680平方米
设计单位：广州·德山德水·景观设计有限公司

该庭院紧邻街道，设计师根据园主的要求闹中取静，注重细节设计，庭院处处流露着高品质的精致美。立体流动水景，既节约空间，又带给庭院活力；小巧的水景其周边的植物宜用低矮的草本，起到装饰点缀的作用，而不会喧宾夺主；角落里的日式水景小品，蕴藏着禅的意境；跌水从侧面降落，使人忽略了空间的狭小，上层水器中栽植攀援植物，增加了景观的层次感，二者结合使小空间里的景观效果丰满而不拥挤。

在水景周围布置了多种低矮、耐阴的观赏植物，植物绿意盎然，将这个角落装点得生机勃勃，植物的叶型、叶色也充满变化，极富观赏价值。上层种植池中栽植的花叶常春藤增加了景观的层次感。

常春藤
散尾葵
肾蕨
春羽
橡皮树
鹅掌材

Summer Palace Golf Chateau

颐和高尔夫庄园

Location: Guangzhou，China **Courtyard area:** 600 m²
Design units: Forest wood · Landscape Design Co. Ltd
项目地点：中国 广州 **占地面积**：600平方米
设计单位：广州·德山德水·景观设计有限公司

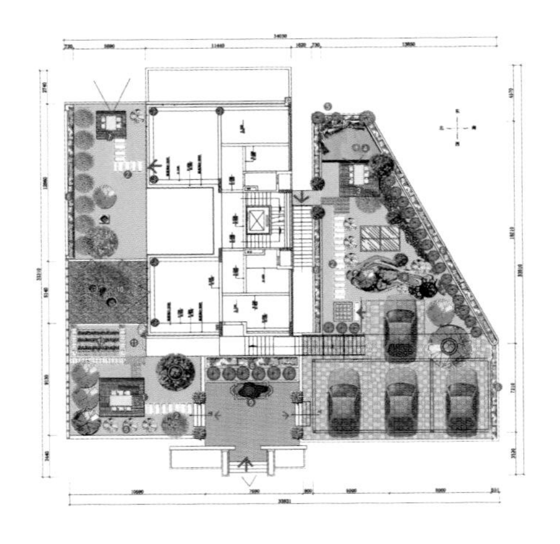

这个景观建筑以创造放松、休闲的环境为理念。别墅身处高尔夫园区中，园内设计涵盖了诸多景观的特色，运用东南亚基调融合印度小景的设计手法。庭院通过精心的规划将整座别墅掩映于一片富有诗意的美景之中。

花园的总体设计简单而大气，设计手法上注重空间节奏的变化及细部设计，特色点为不同空间环境的衔接自然而富于变化，疏密有致。几处静谧区域点缀的小景为花园增添了生动的情趣。

紫竹、苏铁、蒲葵和柏树等乔灌木在树形、色彩和质感上形成鲜明的对比，并塑造出庭园的整体景观结构。盛开的月季、太阳花和千日红为庭园带来亮丽的色彩，构成一幅迷人的景色。

A Private Garden of Agile

雅居乐某私家花园

Location: Guangzhou，China **Courtyard area:** 658 m^2
Design units: SJDESIGN
项目地点：中国 广州 **占地面积：**658平方米
设计单位：广州·德山德水· 园林景观设计有限公司 广州 · 森境园林·园林景观工程有限公司

花园的东园和南园在设计上以追求自然山野之风为设计的主题。在草坪空间中以巨大的山石作为路径的铺装，形成了震撼的视觉效果。这些山石延续到水景的泊岸以及庭院的造景之中，在视觉空间中形成疏密有致的点状分布，这些景观与高大的乔木共同构成了山间大宅的奢华感。

本案园林的设计对烘托建筑的大气与奢华起到了映衬的作用，大面积的草皮在庭院的设计中为欣赏建筑本身留出了开阔的空间，大的山石与草皮形成了强烈的材质与肌理对比效果，为烘托整体的奢华感起到了关键作用，同样高大的乔木与低矮灌木和草皮形成的反差也有异曲同工之效。

沿露台边缘的种植池中种植了山茶、桂花、龙船花、竹子等常绿阔叶植物，使得庭园易于维护且一年四季景观常在，并在其中点缀其它观花或观叶植物来增加色彩，如萼距花、长春花和吊竹梅等。

Hilltop Residence

山顶别墅

Location: Seattle，USA **Courtyard area:**1 acre **Design Units:** Paul R. Broadhurst + Associates

项目地点：美国 西雅图 **占地面积：**1英亩 **设计单位：**Paul R. Broadhurst + Associates

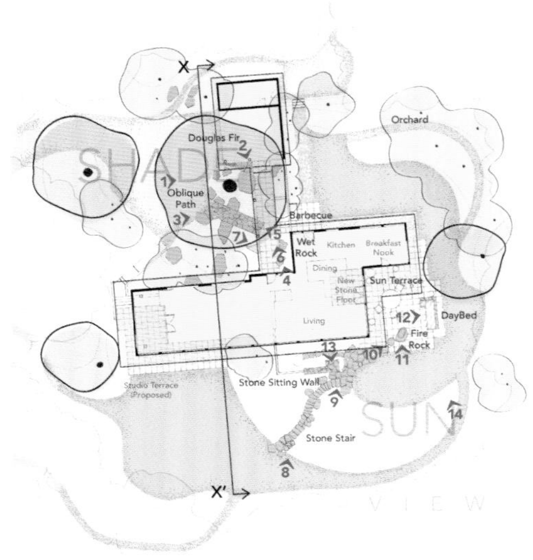

整个院落着重于整个建筑与地面的关联性，石质平台运用了曲线与草坪自然衔接在一起，不规则石砌台阶与左右簇生的多年生草本植物更增添了野趣。建筑中的天井将阳光引入到建筑中，使庭院与建筑密切相连。严谨的整体性与细节的随意性相互结合将建筑钝化，使其融汇在自然之中。

绽放着浓密紫色花球的大花葱亭亭玉立，银色的绵毛水苏给庭园营造了一种典雅浪漫的氛围，浅绿色和奶油色的苔藓覆盖在光滑的石头上，使石块坚硬的轮廓变得柔和，也增加了无限情趣。

观赏葱
迷迭香
绵毛水苏

Lunada Bay Residence

北京龙湾

Location: California，USA **Courtyard area:** 18000 square foot
Design units: Artecho Architecture and Landscape Architecture
项目地点：美国 加利福尼亚州 **占地面积：**18000平方英尺 **设计单位：** Artecho Architecture and Landscape Architecture

前院采用了完全的对称手法，从进门处景墙开始，到两边推开式木门，再到园中挺立如迎客的棕榈树，建筑围墙边规整的植物，最后是门口两个黑色球型花盆。依照着中间黑色大理石，分站两边。独特的石质矮墙，一边是植物丛生，一边是烈火燃烧，令人引发无尽遐想。

蕨类植物中一弯清泉缓缓流下，浇灌着植物，水，一直都与植物相辅相成。如同在平台上就能看到的大海，周围的低矮灌木与多年生草本植物避开了看海的视线，又为海洋增添了些许色彩。与围栏平行的水地砖将空间纵横延展，并虚隔开休息区与观景区。

纸莎草的茎秆笔直翠绿，枝叶婆娑，在白色墙壁的映衬下，形成一幅秀美的图画，同时又同背景中两株挺拔的棕榈植物在形体、线条、色彩和质地上形成鲜明的对比。

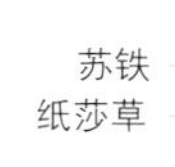

Sunflower Garden at Sunshine Holiday Villas, Badaling

八达岭阳光假日别墅区风葵苑

Location: Beijing **Courtyard area:** 420 m^2 **Design units:** Beijing Peace Landscape Design Office

项目地点：中国 北京市 **占地面积：**420 平方米 **设计单位：**北京市和平之礼景观设计事务所

独特的地理环境为创造舒适优雅的人居空间奠定了基础。在这样的环境下也没有理由不创造一座舒适怡人的美丽花园。

改造项目要比新建项目难度要大得多，因受造价与现场空间限制较多，想解决这些矛盾，尽量使用原有材料是节约开支的最好方法。分配使用得当，不但可以减少预算，而且会丰富花园景观内容，一举两得。聪明的设计师会将一堆废弃物变成一件件工艺品。任何东西都有其价值，只是看其是否放在适合的位置上。

设计师接手一个项目首先就其现状，结合业主意向，定位庭园景观的主调风格；景观是建筑的延伸，建筑形式对其起导向作用。就其建筑言之，偏向为北美风格，北美建筑风格的多元化特点，为庭院元素的选择提供了发挥空间，打破了内容选择上的束缚局限。

庭院最终受用者是人，现代花园无论何种风格，在满足观赏性的同时，方便与休闲功能是前提，简而言之就是人在其中要呆着舒服。鸟语花香，花红柳绿，人的各种感觉都需要在这满足从而使得身心放松。这是业主装修花园的意义所在。

园路与休闲区域是必不可少的两大功能内容，既要符合整体的风格又具有观赏性。这需要在用材、形式、工艺等等方面全面考虑。水景是庭院的灵魂。植物、小品是强化风格增加意趣的最好材料。就其北美乡村的风格定位。

在石灯笼和水钵周围布置了红枫、大叶黄杨、玉簪和八宝景天等观叶植物，营造出一种宁静的、充满禅意的氛围。

Beijing Easy Country House

北京易郡别墅样板间

Location: Beijing，China **Courtyard area:**550m²

Design units: YSD Landscape Engineering Desing Co., Ltd

项目地点：中国 北京市 **占地面积**：550平方米 **设计单位**：盛地景景观工程设计有限公司

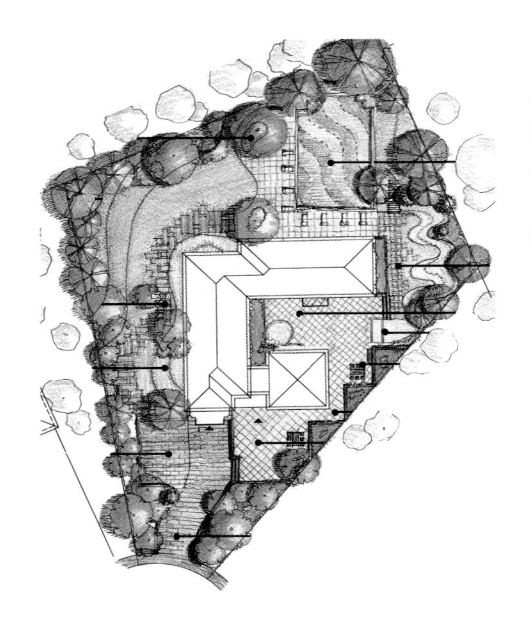

本案庭院的景观元素规划运用轴线的设计方法来解决室内空间之间的联系，总体的设计规划在每个室内重点空间的中心轴线上都安排了不同的室外景观元素，不同功能的景观空间又有独立的景观轴线，利用这些轴线来组织铺装、植物、小品等景观元素，使景观元素之间形成了逻辑上的联系；通过这种设计手法规避了原始建筑规划庭院界限的零散关系，整个庭院相互联系，整体感加强，建筑的室内空间与室外空间之间相互呼应，形成移步换景的视觉空间。

攀援植物使庭园充满生机，紫藤的叶片在廊架下形成斑驳的光影，为通道的景色增加了趣味，两旁的竹丛增添了几分清幽和静谧感。

竹

紫藤

A Villa Garden, Country Garden

碧桂园某别墅花园

Location: Shunde，China **Courtyard area:** 600 m^2 **Design units:**江门市颐景设计工程公司

项目地点：中国 顺德 **占地面积**：600平方米 **设计单位**：江门市颐景设计工程公司

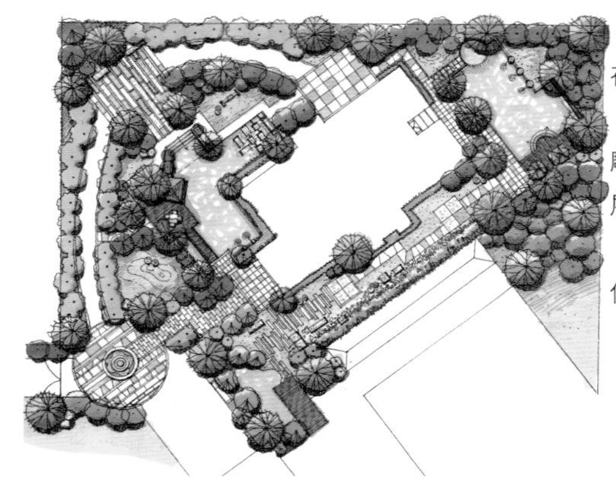

庭院空间以三处水景形成庭院三处大的空间，种植、景墙等小品环绕水景，在庭院中自成一片空间，三处空间相互独立，又因园路相接互为对景关联。

一处景墙倚水而建，景墙之上精致浮雕刻画其间，景墙中空处，几扇镂空雕花屏风引出后面景亭种种空间，远处又有绿树林荫背景，整个细节空间景观层层环绕，尽现景观细致之处。

水景四周石质驳岸，兼具乔灌花草、水景石雕散布四周，水面掩映其间，仿佛并无边界，意境更显悠远。

槐树优美的树形极富有情韵，从室内也可以眺望树干的风姿，同时其树干所产生的镜框效果也演绎出幽深的庭园形象，槐树周围还点缀了其他多种观花观叶植物，这一组植物丛在庭园中形成了一个秀美绚丽的景观。

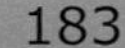

Blue Lake Resort

碧湖山庄

Location: Hefei，China　**Courtyard area:** 260 m^2　**Design units:** 合肥瑞景园林景观工程有限公司

项目地点：中国 合肥　**占地面积：**260平方米　**设计单位：**合肥瑞景园林景观工程有限公司

白色围墙半封闭庭院，镂空院墙主要遮挡中心空场，而另一边主要用植物虚隔出界限，又用层次分明的花池来建构庭院的垂直空间。中心空场采用铺装的变化来丰富内容，并在颜色上与园路相互统一。整体风格偏向日式新型庭院，占地面积小，内容丰富。

在角隅附近，红花檵木、木茼蒿、蓍草、玉簪、菊花、六道木等植物软化了生硬的建筑边缘，将庭园的角落装点得郁郁葱葱。

Dahao Forest Villa No.21

大豪山林21号

Location: Shanghai，China **Courtyard area:** 420m^2
Design units: shanghai pufeng landscape design project co.,ltd
项目地点：中国 上海市 **占地面积：**420平方米 **设计单位：**上海朴风景观装饰工程有限公司

石质小亭坐落在绿篱围合的庭院中一边，与另一边木质花架形成对比，同时形成对比的还有广阔的草坪与密集的植物角落。大块不规则石材铺设汀步代替石材铺设园路，增添的庭院一角的野趣，也使木质花架掩映得不那么突兀。木栅栏与石材相结合连接着草坪，采取了最古典的做法，却因为与另一角有着相互对比而显得富有活力。

布置在窗前的三株红枫枝序整齐，层次分明，树姿轻盈潇洒，叶色艳丽夺目，同下层的绿叶相映成趣，构成一幅风雅别致的景观。

Dongpu Printing

东普印刷

Location: Beijing，China **Courtyard area:** 1200 m^2
Design units: Beijing Shuaitu landscaper Gardening Co.,Ltd
项目地点：中国 北京市 **占地面积**：1200平方米 **设计单位**：北京率土环艺科技有限公司

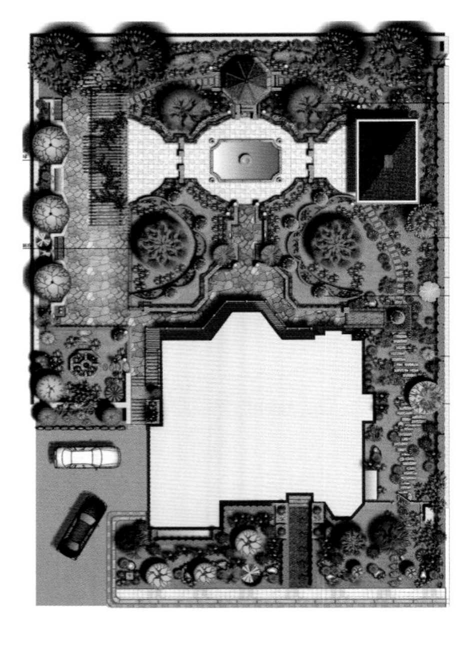

在本案的重新规划中确定了以美式的田园风情来作为庭院的设计主体风格，通过总体的改造增加了庭院的整体感，使得院内有序，细节富于变化；利用植物的组景丰富空间的层次，采用肌理粗糙的装饰材质突出自然、野趣的空间氛围。通过这些精心的设计，原有的庭院焕然一新，浪漫与温馨的气氛浸满整个庭院。

高大的柿树和其荫蔽下的廊架为晴朗的天气提供了一个开放式的休息凉亭，后面的圆柏绿篱增加了私密性，攀援的紫藤既增加树荫又使木构架的轮廓显得更柔和。

黄刺玫
沙地柏
天竺葵
盾叶天竺葵

Forest Hills

东山墅

Location: Beijing，China　**Courtyard area:** 800m²

Design units: UNTIS_Beijing Haiyue Garden Design Co., Ltd.

项目地点：中国 北京　**占地面积**：800平方米　**设计单位**：北京海跃润园景观设计有限责任公司

水体与栈桥作为庭院的主体景观，用大块自然石材限定了水域边界，水边的沙滩因为北方风大，而改用碎砾石铺装并做出沙滩效果，中间用绿地衔接。微地形草坪上种植零星树木，丰富整体内容。

沿湖造古亭样式亲水平台，由大块圆石作为汀步穿过石质沙滩到达一处竹制点水台，使整个一系列具有强烈古风。加上微地形草坪上散布的三块具有美丽天然花纹巨石作为点缀，更加强调了历史气息，木质平台在石质沙滩之上，又增添了海岸风格。

秀丽的天竺葵和古朴的花盆相得益彰，天竺葵灿烂的花朵给庭园增加了鲜艳的色彩，也增添了无限情趣，尤其在背景中郁郁葱葱的灌木和草坪的映衬下，形成万绿丛中一点红的效果。

松树
金叶女贞
鸡爪槭

Guan Tang Villa Garden

观塘别墅庭院

Location: Beijing，China **Courtyard area:** 200 m^2

Design units: UNTIS_Beijing Haiyue Garden Design Co., Ltd.

项目地点：中国 北京市 **占地面积：**200平方米 **设计单位：**北京海跃润园景观设计有限责任公司

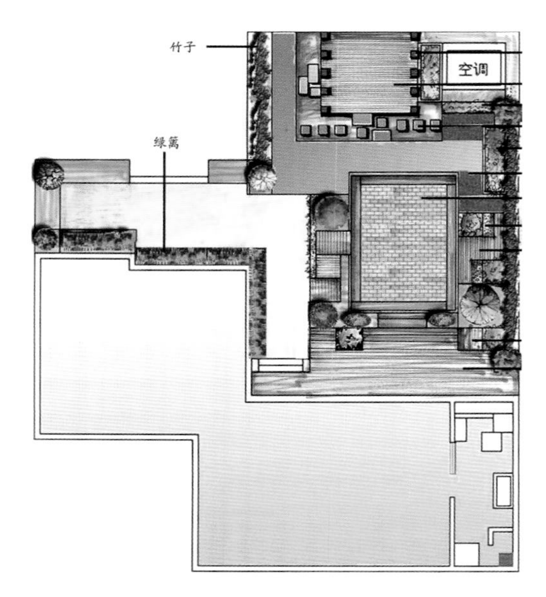

虽然是中式的别墅，该处庭院却演绎出一种现代的简约风格。水景中私密的平台，建筑出口处微微下沉的茶座，单以规则的形式来呼应建筑，亦不显景观的突兀。

古风十足的围墙上有花式漏窗，打破了围墙的束缚压抑，同时也引入了庭院外的景观。临墙而设的叠石假山旁，放置木质的车轮小品，延续着周边的建筑风格。亭亭荷叶、跨水平桥、沿墙而行的游廊，处处演绎着中国古典园林的典雅之美。

在起伏不平的堆土层上面铺植草坪，再精心地布置了红枫、金叶女贞和松树等植物，形成洲岛错落，咫尺山林的效果，使庭园充满自然野趣，给人以仿佛置身于大自然之中的感受，同时也营造出一种清幽和静寂的氛围。

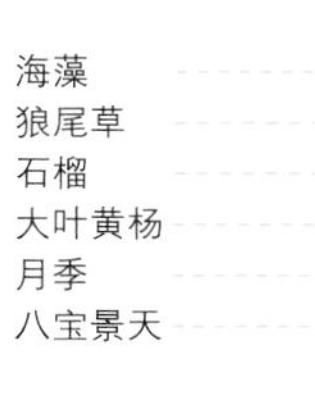

Villa Landscape, Jinbi Garden No.22, Guangzhou

广州金碧花园22号别墅景观工程

Location: Guangzhou，China **Courtyard area:** 500 m^2
Design units: Guangzhou Leisen Garden Landscape Co., Ltd.
项目地点：中国 广州市 **占地面积**：500平方米 **设计单位**：广州磊森园林景观有限公司

以日本造园手法为主，结合中国古典造园手法，将空间大致划分为前庭、中庭、后庭3个空间。由于本空间过于通透，而且大门对着马路，特采取障景的设计手法，在前庭入口处设计一幅白麻花岗岩景墙，简洁大方，既起到阻隔视线的作用，又可以划分前庭中庭的空间；中庭空间采用“金角银边草包心”和日本枯山水的园林设计手法，以圆滑的瓦片弧线做边线，放置干净的白沙，中间点缀一块主景石，边植玉龙草，镶嵌不规则的麻石汀步，非常简洁、干净，再在周围密种植物，使内部空间更显开阔、安静；后庭采用中国古典造园手法，设置小桥、鱼池、英石假山、景墙等，以亭子划分中后庭空间，坐在亭子里，既可以一边慢慢地品茶、静思，又可以欣赏到小桥流水，鱼儿嬉戏的美景，实在是人生的一大乐事。

石榴树上硕果累累，给庭园增添了无限意趣，同时还可提供新鲜的水果，八宝景天、月季和狼尾草相互点缀，给庭园带来色彩和活力。

Kai Yan, Zhongshan, Guangzhou Metro Family Compound

广州市中山凯茵新城

Location: Guangzhou，China **Courtyard area:** 1090 m^2
Design units: Guangzhou wei chao garden landscape design Co., Ltd.
项目地点：中国 广州市 **占地面积**：1090平方米 **设计单位**：广州市伟超园林景观设计有限公司

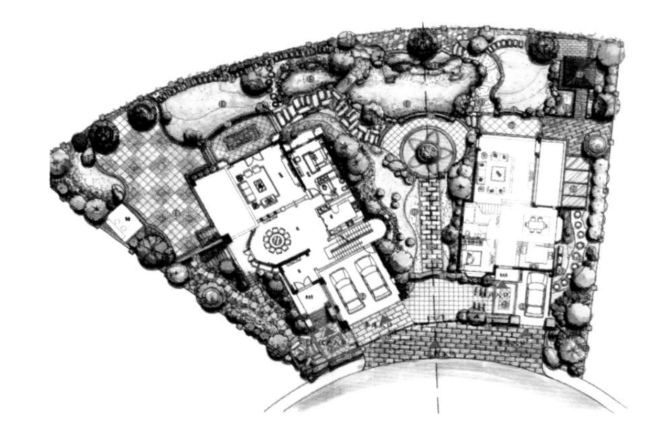

庭院中入口的一条道路及休闲平台成为两家别墅主人友谊的纽带，矗立在水池边的巨型假山上布置了业主要求的风水亭，使这一景点更具特色。周边充分利用植物的多样性，使其达到一年常绿、四季有花的效果，同时注重所用植物季相和花期的变化，让其创造出令人心旷神怡的景观效果。

盛开的非洲凤仙、新几内亚凤仙、八宝景天、龙船花、月季和樱花等植物把庭园入口装点得生机勃勃，显得格外耀眼，景墙后面的旅人蕉和木菠萝增加了景观层次。

罗汉松
杜鹃花
蒲类
肾蕨
龙船花
春羽

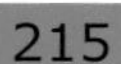

Huicheng Courtyard

汇程庭院

Location: Shenyang，China **Courtyard area:** 268m² **Design units:**Mall & Garden Studio

项目地点：中国 沈阳市 **占地面积**：268平方米 **设计单位**：汇程私家庭院工作室

庭院中设有两处木质平台，圆形平台较大，作为会客区，周围植物环绕，又有高大乔木遮阴；方形木质平台上放置摇椅，供家人休憩，视野开阔。花池采用石砖堆砌，自然质朴，富有趣味；景墙青石叠加，大大增加了美观度。

园路两边辅以景天、萱草等多年生草本植物，保证了其色彩艳丽，风景多变的特点。

在这个精美的庭园里，体现了人与自然和谐相处，种有睡莲和梭鱼草的水池与池畔盛开的天竺葵交相辉映，远处草坪被茂密的乔灌木环绕，构成一幅迷人的景色。

天竺葵
睡莲
枸骨
月季
梭鱼草
萱草

Jiangxi Courtyard
江西庭院

Location: Jian，China **Courtyard area:** 800 m² **Design units:** Msyard
项目地点：中国 吉安 **占地面积**：800平方米 **设计单位**：北京陌上景观设计有限公司

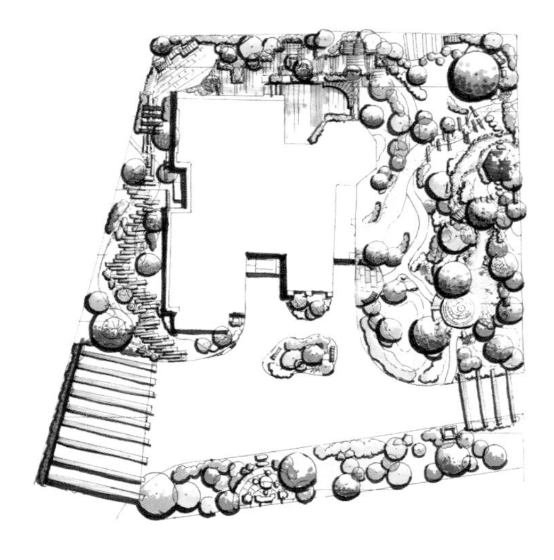

这是一个在江西安福县县城里面的一个庭院。植物景观丰满是这个院子给人的第一感觉。花园为欧式风格与中式风格混搭，以欧式为主。花园占地面积不算小，大概 750 平方米，将房屋包围在中间。

改造后的院子，乔灌木的数量约有 80 棵，乔灌花草，各个层次均有兼顾。步入其间，满眼葱茏，极具自然意境。用主人的话说：再来花园，就不会觉得没什么可看的了，走在里面，花香浓了，阴凉多了，舒服！

紧邻住宅门口的欧式休闲平台是花园的一大亮点，也是体现欧式风情的重要节点。大块高粱红铺设的园路，烘托主题风格。为了改变庭院格局过于狭长的缺点，设计师在原本平坦的地面上制造了两小块绵延的铺地，借助植物高低错落的层次感，让前院整个布局不会太通透，多了一份神秘感。而且，设计师还有更深层次的用意——将坡地比喻为大山，那么休闲平台就相当于身处山坳里，有点隐居山林的味道。

绣线菊、鼠尾草、麦冬、五针松和苏铁等丰富的植物将庭园装点得郁郁葱葱、充满生机，使得在庭院中就可以享受到大自然的野趣。

紫叶李
松树
金叶风箱果
粉花绣线菊
鼠尾草
麦冬

A Courtyard

私家庭院

Location: Changchun，China **Courtyard area:** 735 m^2

Design units: Jilin Zhongsen Garden Landscape Engineering Design Co., Ltd.

项目地点：中国 长春 **占地面积**：735平方米 **设计单位**：吉林省众森园林景观工程设计有限公司

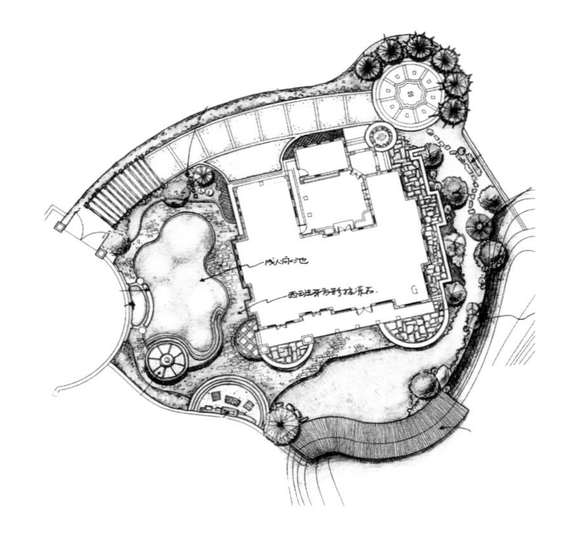

乡村气息浓郁的私家庭院空间，看似杂乱的种植却让庭院充满轻松的气息，中心处一方古朴、大气的构筑物，满是生活气息。文化石元素的装饰墙面贯穿整个庭园，如构筑物的基础石柱、围墙、水景池、草丛中的景墙等景观小品，它们都以同样的形式和色彩出现，营造出庭园的整体风格。

在草坪边缘自然的生长着丛丛白三叶，显得生机勃勃并充满野趣，茶条槭和金银木树林将庭园围合起来，形成幽闭的空间，同时透过林木空隙，远处盛开的鲜花朦朦胧胧、若隐若现，充满趣味。

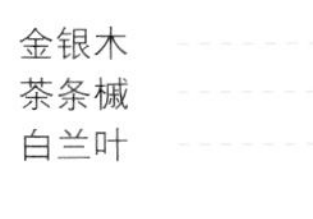

Oasis Island Villa

绿洲千岛花园

Location: Shanghai, China **Courtyard area:** 680 m² **Design units:** WZMH ARCHITECTS

项目地点：中国 上海市 **占地面积：**680平方米 **设计单位：**WZMH建筑公司

园路沿河岸缓缓向前，贯穿处处小景，或观湖景亭、或跨水小桥。园路穿行于水岸，时而开阔时而幽静，开阔处可观湖面水景及对岸景观，幽静处绿树环绕，茂密异常，曲径通幽。园路端头于幽静处设假山一处，仿佛幽静根源，令人驻足观景，沉思流连。

沿水景观自然、随意，建筑旁设花架一处，缓解建筑带来的压抑之感。庭院出口处，拾级而上，在其周围，种植层层而上，更显景观层次感。

一丛茂密的紫竹为前面的假山形成良好的背景，同时也增加了庭园的垂直感，紫竹、苏铁和红枫之间又相互衬托和对比，营造出一个明快别致、宁静悠闲的庭园空间。

QUANZHOU OLYMPIC GARDEN VILLA 67 MODEL ROOM LANDSCAPE WORKS

泉州奥林匹克花园别墅区67栋样板房园林庭院景观

Location: Quanzhou，China **Courtyard area:** 364.5 m²

Design units: Dongguan Baihe landscape Design CO.,LTD.

项目地点：中国 泉州市 **占地面积**：364.5平方米 **设计单位**：东莞市百合园林设计工程有限公司

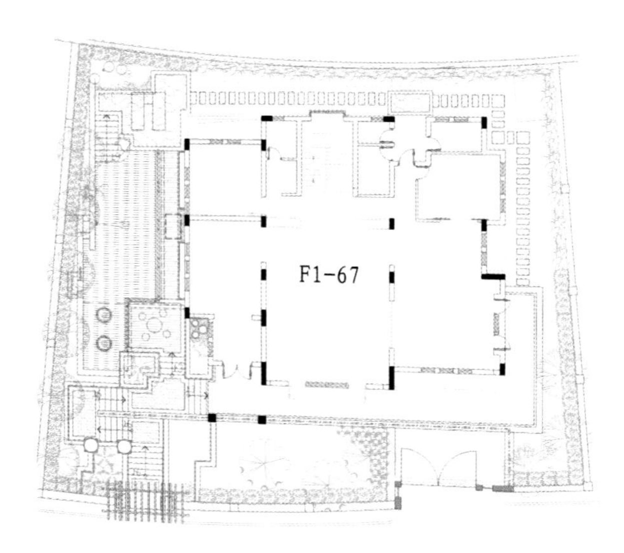

庭院中，原来只是一个比较大的水池，并未设置其他景观，显得比较单调，根据现场情况，庭院设计中加入了一些观赏性园林小品，把泳池营造成一个生活气息浓厚的水景景观。由于空间比较窄，种植就比较简洁，高挡墙的前面种植比较高的竹子进行遮挡，弱化高挡墙给人的生硬感，整个绿化给人简单、清爽的感觉。角落以绿色为主，点缀开花植物，绿意盎然，勃勃生机，达到万绿丛中一点红的绿化效果，植物配置注意层次的搭配，使该角落绿化显得简单而别致。

修剪整齐的花叶榕树形优美、叶色斑驳、绿白相间，成为庭园的焦点植物，并同盆架子、美丽针葵、春羽等其他植物组合在一起装饰着这个庭园。

ROOM 67
精装别墅
示范单位

Shanghai Tomson Villas 470

上海汤臣470

Location: Shanghai，China **Courtyard area:** 600 m^2

Design units: Shanghai Yuemen Landscape Design Consultants Co., Ltd.

项目地点：中国 上海市 **占地面积**：600平方米 **设计单位**：上海月门景观设计咨询有限公司

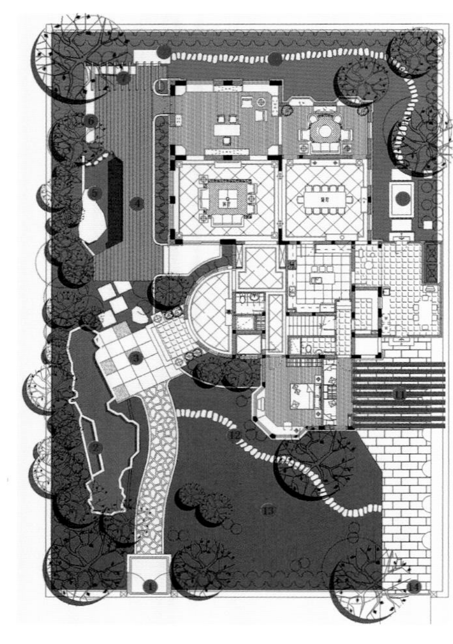

本设计强调人的感受，当您回到家中映入眼帘的首先是浓绿的树荫，听到潺潺水声，水景退在植物中，感觉水从植物中来，避免水池硬体过于突显。站在入口平台，您停下脚步，此刻我们精心设计的青铜雕塑等待您的近距离观赏，它既可以美化您的居所，同时也是主人品位的体现。进入中庭，结合室内书房我们在此设计木平台，增加室内空间的利用，同时我们为在书房读书提供休闲美景——水景。

三棵株形美丽但大小不同的苏铁独具匠心地组合在一起，统一中又充满变化的韵律，在旁边配置了一株柑橘和一片杜鹃，丰富了色彩和景观层次，形成一组秀美的植物群落。

Vanilla Residence No.108

提香草堂108

Location: Beijing，China　**Courtyard area:** 350 m^2　**Design units:** Green Century Garden

项目地点：中国 北京　**占地面积**：350平方米

设计单位：世纪绿景园林设计有限公司

本案的设计在强调整体感的同时也专注细节的变化，利用植物的组景丰富空间的层次。

采用肌理粗糙的装饰材质突出自然，野趣的空间氛围运用装饰的手法。大量中式庭院的景观元素巧妙地融入到美式田园风情为主调的风格。增加了视觉的冲击力，为统一空间的整体感起到了重要作用。

水池旁边配置了月季和观叶的菖蒲、鸢尾等植物，使水池不再单调。背景中高大的银杏树打破了建筑单调的直线，增加垂直感。如果能在廊架和水池岸边配置一些藤本或攀援植物，效果将更理想。

Tian'an Hongji Garden

天安鸿基花园

Location: Foshan，China **Courtyard area:**500 m² **Design units:** Keymaster Consultant

项目地点：中国 佛山市 **占地面积：**500平方米 **设计单位：**广州市科美设计顾问有限公司

山地别墅中，因为地势高差较大，往往景观会显得富有层次，但同时也需要过多的空间处理来满足它的功能需要，因此又会减少更多平台空间。因为山地别墅的地理优势，景观性一般不局限于庭院以内。这处庭院中，山石之上亦设置一处古朴的观景木亭，登高望远，独享山林之美。规整的铺装形式，现代风格的走廊，配上尺度宜人的亲水平台，别致的石雕小品，在远处茂盛密林的映衬下显得尤为干净动人。

依据庭园的地势和空间变化，精心地配置了鸡蛋花、鹤望兰、旱伞草、花叶良姜和春羽等观花观叶植物，通过植物间互相遮断，辅以色彩、质感的变化，形成紧凑的变幻空间。

鸡蛋花
美人蕉
花叶艳山姜
旱伞草
春羽

Peng Residence

彭公馆

Location: Tai Wan，China　**Courtyard area:** 1200 m²　**Design units:** Yusen Design Co., Ltd

项目地点：中国 台湾　**占地面积**：1200平方米　**设计单位**：御森设计有限公司

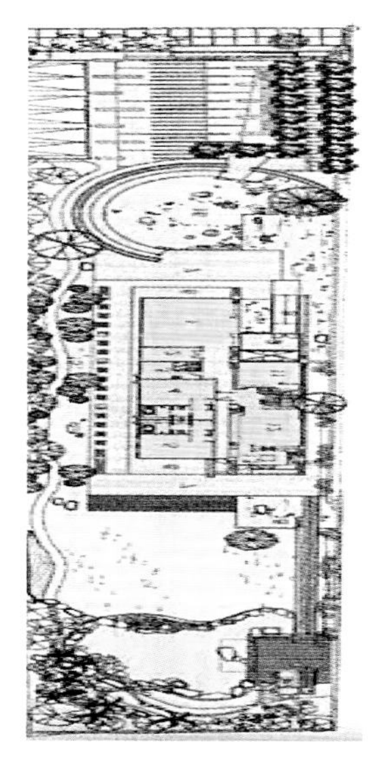

本案的特点是在基础的规划中运用线、面、造型之间的逻辑关系，通过微妙材料构造细节，精细做工和茂密的植物，美化了本项目的庭院景观，并给人以意外惊喜之感。

蓝花楹枝条婆娑雅致，妙曼多姿，叶形似蕨类，十分美观，等夏、秋盛花时满树紫蓝色花朵，雅丽清秀。池畔盛开的鸡蛋花，清香优雅；即使落叶后，光秃的树干弯曲自然，其状也甚美，为庭院增添意趣。

Vanke King Metropolis

万科.金域华府

Location: Shanghai，China **Courtyard area:** 340 m² **Design units:** siteline environment design

项目地点：中国 上海市 **占地面积：**340平方米 **设计单位：**SED 新西林景观国际

复杂的建筑构造，分割庭院处处空间，景观设计师保留建筑分割下可以充分利用的空间，并加以营造，打破或再造不可利用或难以利用空间。

景观设计穿插于建筑之中，或开敞、或封闭，仿佛景观穿行于建筑之中，又或是建筑环绕着景观，建筑空间与景观空间相互交替，使人身在其间，不知不觉中感受到空间的交替、变化。

庭院之外亦有空间，几栋建筑围合下营造一处公共庭院空间，中间种植一株大树，下设茶座，周围层层花池。地面铺装细致、大气，小品古朴大方，此处空间更显院落之感，透露些许里弄气息。

再力花植株高大美观，叶色翠绿可爱，花序高出叶面，亭亭玉立，蓝紫色的花朵素雅别致，在这里再力花为空间提供了一种柔和、灵活的亲切感。

再力花
睡莲

Vanke • Xiaguang Road NO. 5

万科.霞光道5号

Location: Tianjin，China **Courtyard area:** 110 m^2 **Design units:** Tree-nest Sun Landscape Design Studio

项目地点：中国 天津市 **占地面积**：110平方米 **设计单位**：一树阳光景观设计工作室

竹，在中国传统文化中，占据着相当重要的地位，是精神、气节的象征。在繁茂的各色植物中，几片小小的竹林的出现即可使景观提气增色不少。竹林掩映一方红色的木制廊架，使耀眼的红色廊架成为全园的视觉中心，同时也是功能中心。

在小径的两侧各式各样、层次分明的植物搭配风情独特的园林小品，营造出静谧轻松的氛围。细节的精细处理是该设计最为让人称道的地方，无论是在颜色雅致却不压抑的植物配景上，大胆跳跃的主景用色上，还是在简洁干净的竹篱、草坪灯、玻璃种植池等园林小品，都体现着设计师在处理细部时不落俗套的良苦用心。将自然风情的藤制桌椅置于院落中心，用一定高度和数量的植物进行围合，提供给人们较为私密的空间，隐蔽但不封闭，院落两端的景观依然能够尽收眼底。设计者善于使用风格独特的小品形成雕塑性的景观。片石垒砌的低墙配合原木圆柱，旁置修剪出盆景造型的叶子花，新颖独特；玻璃方格的种植池搭配一两株热带植物，与其背后的砖墙形成强烈的材质对比，处处充满了生活气息又不乏情趣。

红枫、大叶黄杨、金叶女贞、蓝花鼠尾草和石竹等植物层次分明、疏密有致地配植在一起，装饰着庭园里这条舒适、蜿蜒的小径。植物在高度、色彩、叶形和质地上形成鲜明的对比，但是非常和谐地搭配在一起。

The Garden Design Engineering Of Western Shanghai Suburbs Mansion

西郊大公馆107号庭院

Location: Shanghai，China **Courtyard area:** 750 m²
Design units: Shanghai Naling Engineering & Design Co.,Ltd.
项目地点：中国 上海市 **占地面积：**750平方米 **设计单位：**上海纳凌工程设计有限公司

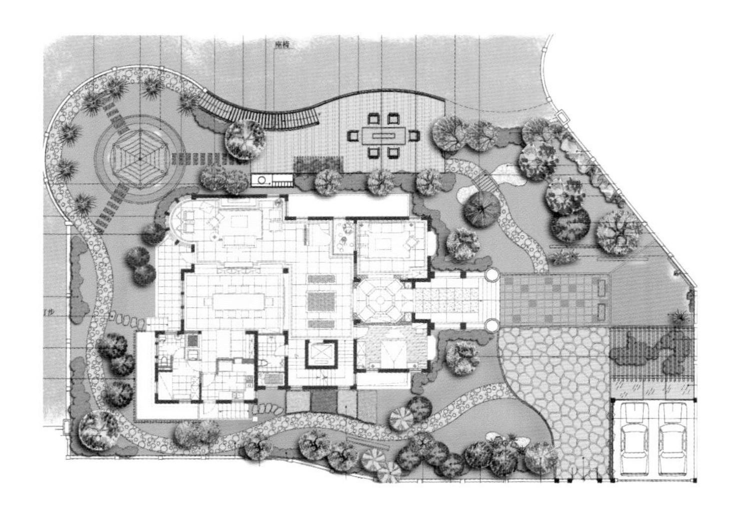

一般来说，在亲水庭院的景观营造中，沿水景观自然而然会成为庭院景观的重中之重。在本案例中，水岸处分设一亭观水、一木平台亲水。路径和背水处分设多组以古典园林中拱桥、月洞门为主题的小品，以呼应后面的水岸景观、廊亭。

整个庭院设计最大限度地利用了水的景观效应，并于现代简洁的风格中延续了古典园林的自然、典雅之美。

轻盈、精巧、富有东南亚风情的一方古亭掩映在一片热带植物之中，并处于水岸一角，人身处其中将宽阔的景观水面及对面的水岸景观尽收眼中，又可与庭院隐约隔离开来，有着较佳的私密性，可谓庭院中的一处佳境。

春羽、常春藤、橐吾和花叶蔓长春四种观叶植物种植在花坛中，它们的叶形富于变化又相互协调，让花坛显得生机盎然，也使得房子入口不再显得单调。

春羽
常春藤
橐吾
花叶蔓长春

水清景

Shanghai Xi Jiao Garden

上海西郊花园西郊大公馆107号庭院

Location: Shanghai，China **Courtyard area:** 400 m²
Design units: Shanghai Weimei Landscape Engineering Co.,Ltd
项目地点：中国 上海市 **占地面积：**400平方米 **设计单位：**上海唯美景观设计工程有限公司

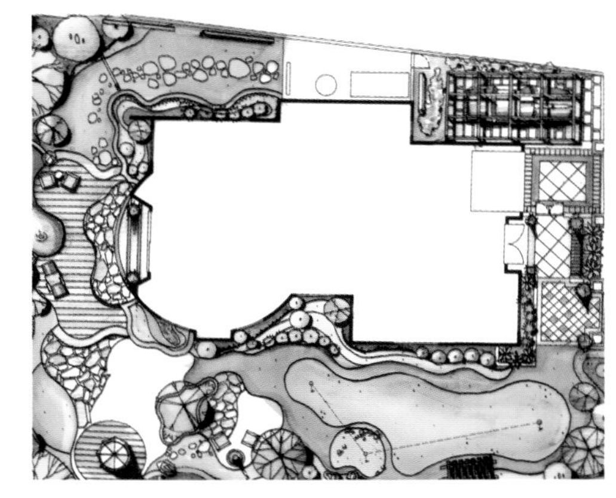

此处的庭院空间划分明确，在严谨规整的格局中，通过曲线形式的木平台活跃庭院的气氛。直线赋予其理性，曲线赋予其浪漫，通过直线与曲线的刻意搭配，将严整的格局打破，使得庭院处处充满理性与感性碰撞出的火花。建筑后院出口的大片木平台、白色遮阳伞下的茶座、休闲的草坪空间、庭院前后不同风格的入口、木质的围墙等，处处透露着设计师对细节的精心雕琢。尤其是植物的布置上，层次分明的茂密绿植，景石、花钵小品散置点缀，使整个庭院显现出硬质与软质的景观完美契合。

木平台边别致的景墙，有水自高处层层跌落，带来了动态的景观，使得庭院气氛无比生动。庭院景观中，因为面积不大，对于水景的营造往往非常慎重。即便有水，也是静静的水面，所以如此经济的跌水在景观中就愈加显得弥足珍贵。加入成组的景观花钵、文化石景墙的背景，让人在观水之余，亦有更多的细节可观。小院后门围墙处的铺装与草坪相结合的形式简洁美观。

红枫亮丽的景观给庭园抹上一笔绚丽的色彩，垂吊在树上和种在陶罐中的矮牵牛鲜艳的色彩点亮了环境，与红枫的色彩相互映衬，形成有趣的视觉冲击。

石榴
红枫
斑叶芝
狼尾草
矮牵牛

11# Courtyard, Sunridge

西郊一品11＃庭院

Location: Shanghai，China **Courtyard area:** 125 m^2
Design units: Shanghai Naling Engineering & Design Co.,Ltd
Partner：Shanghai Dingchang Garden Engineering Co.,Ltd
Construction Units：Shanghai Minjingxing Gardening Engineering Co., Ltd
项目地点：中国 上海市　**占地面积**：125平方米　**设计单位**：上海纳凌工程设计有限公司
合作单位：上海鼎昌园林工程有限公司　**施工单位**：上海闽景行园林绿化工程有限公司

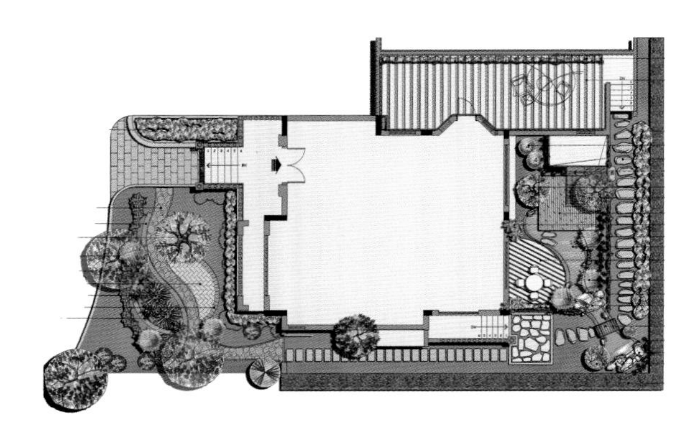

在一些地形复杂的别墅中，庭院往往会以错层的形式出现。即正门处庭院会和首层相接，后院处庭院和地下一层相接。这种庭院中，大空间的营造往往会让景观更有层次感和趣味性，但在小空间的营造中，和地下一层相接的后院往往会给人闭合压抑的感觉。

在本案例中，通过一条跌水景观打破了后院闭合压抑的感受，不失为设计师独特的处理手法。小小庭院亦有观水、听水、跨水，将一处窄小的水景应用得淋漓尽致。上层的通行空间，下层的休憩空间，上下层空间互为彼此景观，让景观富有层次之余又不失活泼、生动。

紫竹、樱花和梭鱼草等植物提供了充满生命力的遮盖物，使整个庭园也变得鲜活起来，在这个铺装平台和阶梯上，植物带来了色彩和情趣。

樱花
紫竹
再力花
麦冬

Western Suburbs Classic Garden

西郊一品苑

Location: Shanghai，China **Courtyard area:** 605 m^2

Design units: Shanghai Yuemen Landscape Design Consultants Co., Ltd.

项目地点：中国 上海市 **占地面积：**605平方米 **设计单位：**上海月门景观设计咨询有限公司

日本庭院受中国文化的影响很深，也可以说是中式庭院一个精巧的微缩版本，细节上的处理是日式庭院最精彩的地方。景石的摆放，植物的定位，构景的布局都蕴含着深刻的哲学思想和东方文化。

下沉式庭院与半地下室直接进行空间的亲密相触，引景入室，使半地下室与户外可以不依赖电能直接交流；同时，下沉式庭院与别墅底层绿地的高差，形成特有的视觉差异，本设计通过水景墙、竹子、木格栅布局，使业主真正享受有天、有地、有庭院的生活。

植物栽种方面考虑到阳光房的采光和通风问题，植物距建筑都留了一定的空间且选择体量较小的植物，虽然如此，丰富茂密的植物还是为庭园营造了一种清幽静雅的氛围。

龙柏
桂花
樱花
红枫
榉树
鸡爪槭
瓜子黄杨
金叶女贞
洒金桃叶珊瑚

Courtyard Design Of Snow-pear Australian Villa

雪梨澳乡别墅庭院设计

Location: Beijing，China **Courtyard area:** 300 m^2 **Design units:** Beijing Haiyue Garden Design Co., Ltd.

项目地点：中国 北京市 **占地面积：**300平方米 **设计单位：**北京海跃润园景观设计有限责任公司

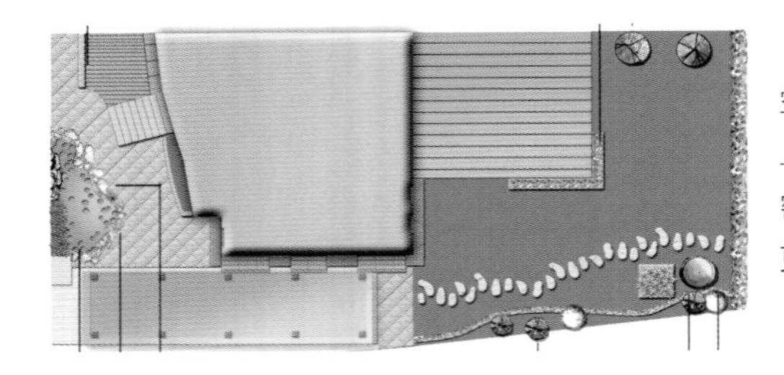

室外庭院中，廊架的装饰手法异常得别出心裁，感觉像是将室内的空间放入了室外景观中，显得愈加私密、安静。在装饰材料配色的选用上也显得柔和而不失跳跃。庭院四周环绕茂密的植被，给人以更多的私密空间和由此带来的安全感。木平台外自由的草坪空间，让空间的应用更加自由方便。

竹子、荷花及睡莲和水池一道共同营造了一种宁静、优雅的氛围，池中游弋的锦鲤为画面增加了几分趣味。

Sunny 99 Garden

阳光九九造园

Location: Fuzhou，China　**Courtyard area:**500 m^2　**Design :** Shi jia sheng

项目地点：中国 福州市　**占地面积：**500平方米　**设计：**史家声

此别墅的内庭设计以工作室及个人会所为定位，侧重文化创意，选材以收集城市改造的古民居建筑构件及大量的石板材进行创意造园。打造出随性、恬淡、意趣、自在的生活形态。而作为工作室的别墅对生活的形态和审美取向有明确的要求，同时也更注重功能性和实用性，不仅满足我们的工作需要也满足商业往来与行业沟通场所的需要。

该项目策划、筹建近两年，创意行为过程投入大量的精力，在主题定调后，从建筑外观改造到景观规划、室内设计进行分类分区规划设计，从设计上既吸收传统造园手法又融入现代技术手段，体现传统与现代交融的精神。造园中的亭台楼阁不仅在审美上有现代元素，取材于古民居石板条的古朴神韵，有保留历史文化及收藏的意趣。

建造观赏鱼池借鉴日本、德国造池的水系统技术，对水性、鱼种要求生态化。目的是为建造一个样板式生态鱼池，作为工作室的一个亮点，并提供咨询服务。植物配置方面在树种、种植与景观搭配上有效利用地形、建筑、庭园进行合理布局，移植百年古树营造出原生态的环境，这是整体设计体现的精神所在。

种在石缸中的荷花亭亭玉立、秀丽雅致、富有趣味，鹅毛竹被修剪成简洁整齐的形状，与长方体的石缸产生呼应，低矮的萼距花种在石缝边上，柔化石头的轮廓。

Silver Villa Garden

银都名墅

Location: Shanghai，China **Courtyard area:**320 m²
Design units: Zhejiang Zhongya Garden Landscape Development Co.,Ltd.
项目地点：中国 上海市 **占地面积**：320平方米
设计单位：浙江中亚园林景观发展有限公司

庭院中心处的泳池周围绿树环绕，未加入任何构筑、小品的泳池空间在此处却显得更加清幽、静谧。茂密的绿树林荫掩映园路其间，让庭院空间更显出一种脱离城市喧嚣的自然、幽静气息。

在建筑的转角处，蜡梅、山茶、龟甲冬青和蜘蛛兰等植物起着软化建筑几何外形和模糊轮廓的作用，同时也使得这个庭园角落显得更为生动。

山茶
蜡梅
沙地柏
竹
蜘蛛兰
龟甲冬青

Yosemite Villa

优山美地别墅区某栋

Location: Beijng，China　**Courtyard area:** 260 m²　**Design units:** Beijing Peace Landscape Design Office

项目地点：中国 北京市　**占地面积：**260平方米　**设计单位：**北京市和平之礼景观设计事务所

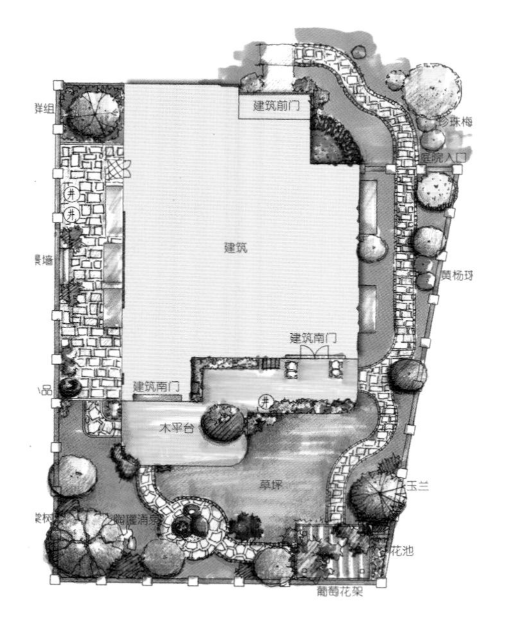

春时，海棠绚烂绽放，引得蜂蝶寻香，生机勃勃。赤色陶罐的汩汩涌泉，传达出古老而深邃的意境。灰墙里树荫下凉爽惬意，手捧一杯咖啡，独享帕提欧的风韵。

这是京城优山美地别墅区的一座庭院，围墙外整齐的柏篱阻隔了人们的视线，看上去与其他宅子院落没有异样。穿过精致的木栅庭门里面却是另一番天地，远在地中海的西班牙帕提欧小院被转移至此。

帕提欧是西班牙语 Patio 的音译，意为四周围合的露天庭院。由于西班牙独特的地理位置、地中海气候条件与民族习惯，生活在那里的人们喜欢在午后的庭院喝茶休憩、沐浴阳光，其庭院功能相当于我们的客厅。帕提欧风格的体现主要通过明艳的色彩搭配、陶瓦灰墙、花架凉棚、盆栽绿植等元素，这类爽朗明快的异域风格被欧美借鉴传承发扬，国内的业主对此风格的偏好也不在少数。

在实际的庭院设计应用上，要根据本土气候、人文习惯、工艺材料、日后维护等具体情况取其精华应用于实际，才能达到最终合适的效果。

水是帕提欧风格的灵魂所在。赤陶工艺品也是此风格的绝好体现。院中一组陶罐涌泉小品的配置点名了主题，使得庭院拥有了生命。清脆悦耳的水声让一种欢乐祥和的气氛油然而生。周边的乔灌植物配置与水景共同营造了一个舒适的小气候，人居其中颇感惬意。

花架凉棚是帕提欧庭院中不可缺少的景观元素，一是为遮挡夏日灼热耀眼的阳光，其次是提高院内的私密性。西班牙人与中国人对家居私密性的要求都是相当在乎的，这也是庭院舒适性的一个重要体现。

庭院中开阔的草坪，稀少的植物，形成了一个自然简洁、明快开放的庭园。同时，通过借景又和庭园外的景色产生了联系，尤其是白玉兰，其树形和叶色同庭园外面高大的悬铃木之间产生了呼应，从而把远处青翠的绿色引入了庭园空间，形成很好的景观效果。

Jade City Villa Garden
玉都别墅庭园

Location: Chengdu, China **Courtyard area:** 830 m^2 **Design units:** WZMH ARCHITECTS

项目地点： 中国 成都市 **占地面积：** 830平方米 **设计单位：** 成都美景金山景观工程有限公司

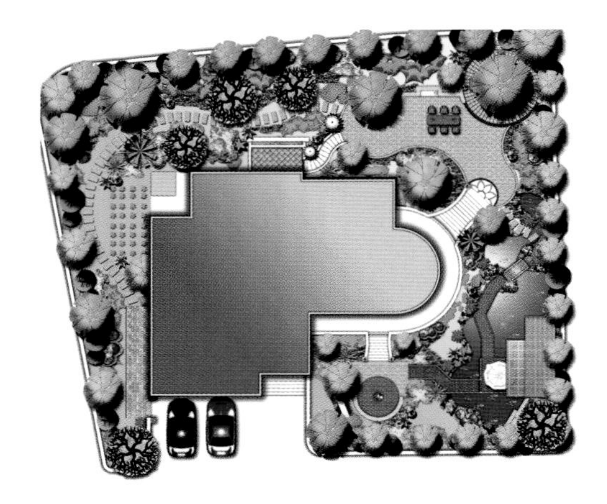

本案位于成都市区，系独栋豪华型别墅。庭园面积为830平方米，别墅大环境非常好，小区虽处城区但因栽植有大量大树，将外界的渲哗很好地进行了隔离。本案设计以业主的需求为主导结合小区建筑、设计师将本案定位于现代自然式庭园风格。庭园设计必须要有灵魂，在以人为本的基础上融入设计理念，看似不经意的地方实则都有设计者的良苦用心。在本案中设计师始终以事先确立的庭园风格为主导，围绕自然生态的命题来进行设计。以生态池塘为景观中心看点，水上书房、木折桥、喷泉、岸边小径围绕中心有序布局。在满足业主使用功能上进行“动”“静”分区、池塘的右侧为“静”突出荷塘月色的主题意境，设计师以水上书房为静区中心以现代自然的手法打造出约30多平方米的室内书房空间，书房外设有一水上木平台，闲暇时一把躺椅即可感受鱼跃浅底、荷香扑面，又或两三知己品茗其中绝无打扰，此为“静”。

左则以木制拱桥进行空间分隔、设置有喷泉流水、烧烤台、园型树坛等以园或弧型的设计语言突出“动”。此区域在使用功能上以家人欢聚为主题，更多的是提升生活品质或将生活融入花园分别布置有休闲娱乐区、烧烤区、花园就餐区、“动”区的另一侧透过宛延弯曲的草上汀步将视线引入看似茂密的丛林，进入后花园。在后花园以草上汀步作路即可是健身步道亦是赏花种草的通道，此区域以种植为主，间或有几块置石及仿古石刻花槽亦是主人之最爱，后花园非常私人化，不受风格、规矩所限，只要喜爱大可将中式的石雕、欧式的花瓶并排而列，释放主人的自由，无拘无束。

海芋的叶片翠绿，大而舒展，肾蕨的形态自然潇洒，丰满的株形富有生气和美感，以及还有其他观叶植物同平静、清澈的水池一起构成了一幅宁静优美的画面。

492#Courtyard, The Greenhills

云间绿大地492#庭院设计工程

Location: Shanghai，China **Courtyard area:**430 m²

Design units: Shanghai Naling Engineering & Design Co.,Ltd.

Partner：Shanghai Dingchang Garden Engineering Co.,Ltd

项目地点：中国 上海市 **占地面积**：430平方米 **设计单位**：上海纳凌工程设计有限公司 **合作单位:**上海鼎昌园林工程有限公司

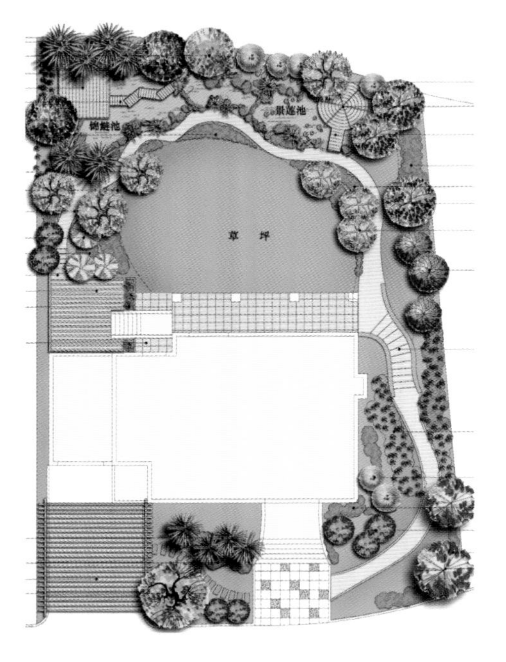

一亭一台，通过潺潺小溪相连，遥相呼应，阐述着英伦自然式景观的别样风情，沿溪而设的汀步小径搭配沿路布置的草坪灯具，强化着路径的边界，人行走其中感受着小小庭院带来的趣味。亭前随意的草坪，是主人的自由空间，无论是休憩游乐还是烧烤聚会都不显局促。

亭子周围的自然式细节处理中，虽然只是占据了庭院的一角，但这么小小的一处角落，依然汇聚了山石、亭台、小桥、流水。远处的建筑旁，层层下跌的木质花箱，下面种植着八角金盘，生机盎然的充满底部空间，层层跌落的潺潺溪水穿柱而过，让庭院显得愈加自然、美丽。

既优雅又颇具现代感的木平台因为周边植物的装饰而显得更加生动。美女樱、万寿菊和三色堇等花卉分别种植在不同层次的花坛里，柔化了木平台几何轮廓，旁边的石榴树为木平台提供了荫凉，也增加趣味。

Courtyard, The Greenhills

云间绿大地别墅花园

Location: Shanghai，China **Courtyard area:** 240 m^2

Design units: Shanghai Taojing Garden Design Co.,Ltd.

项目地点：中国 上海市 **占地面积：**240平方米

设计单位：上海淘景园艺设计有限公司

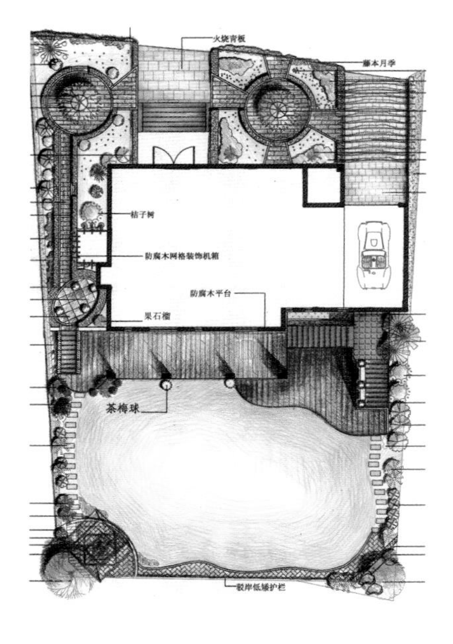

纵观庭院的总体设计，利用拱门、矮墙、卵石、绿植等景观元素的合理搭配，使庭院的设计风格与主体建筑的托斯卡纳风格自然的融为一体。同时庭院多种绿植的巧妙配合，也营造出一种自然原生态的氛围。

修剪整齐的黄杨绿篱引导着小径的前进方向，小径上空的拱架因为爬有凌霄而显得更加完美，并有一种淡淡的装饰效果，小道两旁郁郁葱葱的植物使整条园路显得更为迷人。

美国凌霄
黄杨
竹
南天竺

Bamboo-River Garden

竹溪园

Location: Beijing，China **Courtyard area:** 200 m^2

Design units: Beijing Shuaitu landscaper Gardening Co.,Ltd.

项目地点：中国 北京市 **占地面积**：200平方米 **设计单位**：北京率土环艺科技有限公司

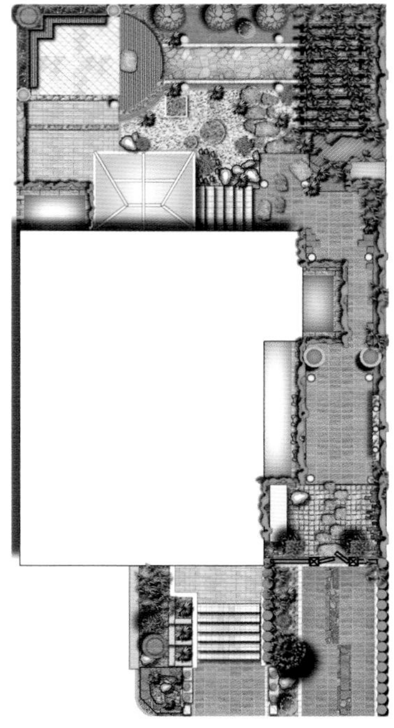

因为北方气候较严苛的关系，往往对于北方庭院景观的营造上也有着很大的局限性。在背光的区域，北方冬季的寒冷令植物很难存活。本案中的景观设计中，加入多样的铺地形式，只用少量的植物来点缀庭院的景观。在效果上确实很难达到南方庭院郁郁葱葱的效果，但也同样让庭院中四季皆有景可观。同时丰富的铺装形式形成独具艺术性的花纹，搭配线条或硬朗、或柔和的植物，倒也别有一番风味。幼沙、粗石也有着不同的变化，或是色彩、或是大小，时刻丰富着庭院中的种种细微变化。建筑入口处奇异的景石，也给予这处庭院更多的景观可识别性。

台阶两侧花坛里种植的牡丹生机勃勃，为入口增加了活力和趣味，尤其当其开花时，更会形成一种浪漫的效果。菖蒲叶丛翠绿，端庄秀丽，很好地映衬和点缀着景石。

牡丹
大叶黄杨
菖蒲

8A The Terrace, Birchgrove

澳大利亚悉尼BIrchgrove 8a The Terrace 庭院

Location: Sydeny，Australia **Courtyard area:** 600 m^2

Design units: Aspect Studios

项目地点：澳大利亚 悉尼 **占地面积：**600平方米

设计单位：Aspect Studios 澳派景观设计工作室

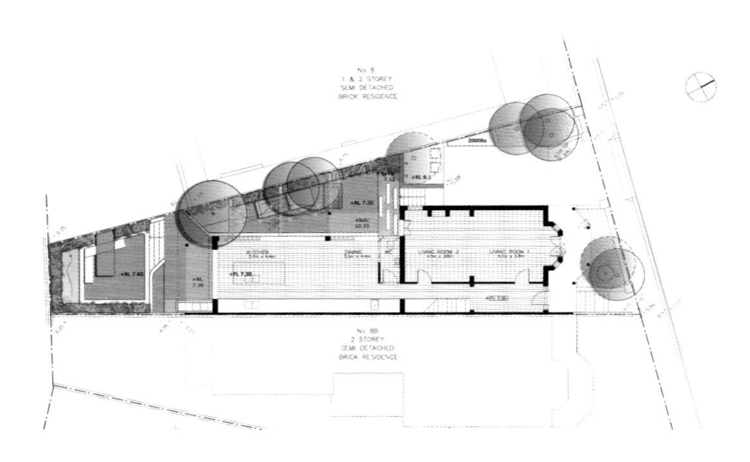

精美的紫竹、优雅的弧线景墙、澳大利亚本地硬木铺装，打造出一个静谧的私家庭院。通过这些景观元素的巧妙设置，使得在这个有限的空间内营造出多个多功能室外活动空间。弧线混凝土挡土墙不仅造型精美，同时又有很好的功能性，既是木平台座椅靠背，又巧妙地抬高了局部的地形，丰富了景观层次感。

此外，设计师还在空间的利用上动脑筋，如在木座椅下方做一个储物收纳空间；利用一道混凝土挡墙划分了户外淋浴的空间，再通过射灯的投影使这面墙形成一个视觉焦点。木质廊架与射灯结合，巧妙地让室内空间与室外空间有一个自然的过渡，无论白天夜晚景观效果都那么精美融和。

庭院景观选用高品质的材料，再与精美的植被相结合，打造出一个宜居、舒适而又精美的私家庭院。

庭园仅用了两种配景植物，角落里的竹子为庭园带来一种清幽、静谧的气氛，尤其是投在灰墙上斑驳的竹影，更是增添了无限的意趣，鸢尾秀美的叶片同竹子产生呼应，精心搭配的景致使得整个庭园宛若一幅秀美的水墨丹青图。

紫竹
鸢尾

Bassil Mountain Garden

Bassil山脉花园

Location: Lebanon Faqra **Courtyard area:** 350 m^2

Design units: Vladimir Djurovic Landscape Architecture

项目地点：黎巴嫩 Faqra **占地面积：**350平方米

设计单位：Vladimir Djurovic Landscape Architecture

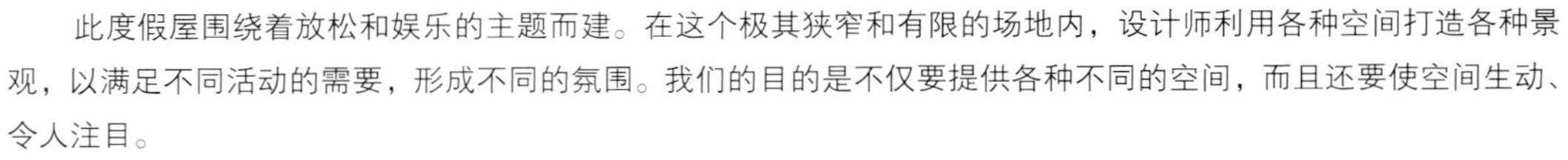

此度假屋围绕着放松和娱乐的主题而建。在这个极其狭窄和有限的场地内，设计师利用各种空间打造各种景观，以满足不同活动的需要，形成不同的氛围。我们的目的是不仅要提供各种不同的空间，而且还要使空间生动、令人注目。

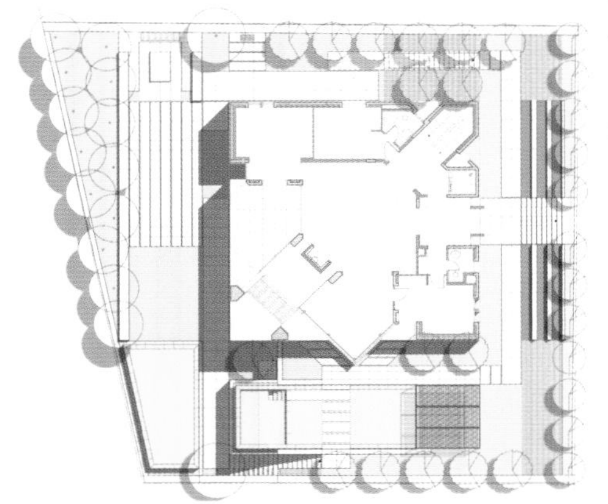

度假屋采用了一系列幻想的手法并进行精心的安排，使 Bassil 山脉出口的空间感和体验达到最大。本项目遇到的挑战就是在非常狭窄的场地内打造具有不同功能和氛围的空间。整个花园都建在了房屋周围 4.5 米的后退线之上。设计师通过各种手法对这个有限的场地进行设计和调节，模糊了场地与地平线之间的界限，打造出一种强烈的场地感和无边无际的空间感。以下空间共同构成了功能区：多个座位区，一个带有悬空浴缸的水池，为下面的室外酒吧区提供遮挡和庇护，一个游泳池，一个大娱乐平台，上面有呈直线排布的长椅，一个带有火炉的座位区，和一个烧烤区。上面的空间中，坚固的石阶形成入口通道，表达出对来访者的欢迎，两边种满了薰衣草，与房屋的长度方向成一条直线。下面的空间中，没有边缘的游泳池又一次模糊了空间的界限，不仅如此，在这里还可以欣赏到室内起居室的景观和室外娱乐平台和座位区的景观。最后，一个嵌在地里的狭窄的台阶把客人带回到主入口处。

薰衣草植株优美典雅，蓝紫色花序欣长秀丽，每当微风徐来，一整片的薰衣草宛如深紫色的波浪层层叠叠地上下起伏着，甚是美丽。薰衣草气味芬芳怡人，从阶梯走过时，其优雅的香气令人心旷神怡。

薰衣草

Beach House

海滨别墅

Location: New York，USA **Courtyard area:** 400 m^2
Design units: Dirtworks, PC Landscape Architecture
项目地点：美国 纽约 **占地面积：**400平方米
设计单位：Dirtworks, PC Landscape Architecture

这个海滩风景的房子创造了一个共生的感觉，给我们带来肉体和精神上更接近美丽的沙丘景观，脆弱的和不断变化的生态系统。风化木质甲板作为衔接每一处细节的纽带，颜色与沙丘接近，使其与裸露的沙地相呼应。而在其之间，茂密的松柏与蓬勃生长的景天包围了所有甲板，仿佛世外桃源一般。

NATIVE TREES & SHRUBS
DUNE GRASSES
DINING TERRACE
VIEWING TERRACE
TERRACED WALLS
SITTING AREA
OUTDOOR SHOWER
NATIVE EVERGREEN SCREEN
STORAGE
NATIVE TREES & SHRUBS
STONE PLINTH AROUND HOUSE
FOOT BATH
MORNING SITTING TERRACE
UNDISTURBED DUNE
NATIVE TREES & SHRUBS
STAIRWAY IN THE DUNES
DUNE GRASSES
ARRIVAL/ PARKING
UNDISTURBED DUNE
PROPERTY LINE
NORTH

LANDSCAPE CONCEPT

细茎针茅的叶片柔软下垂，形态优美，微风吹拂，分外妖娆，与规则的硬质铺装形成鲜明的对比，它与龙柏组成的过渡空间把庭园和周围环境自然、融洽地联系起来。

Erman Residence

Erman 住宅

Location: California，USA **Courtyard area:** 1250 m^2

Design units: Surfacedesign, Inc

项目地点：美国 加利福尼亚 **占地面积：**1250平方米

设计单位：Surfacedesign, Inc

这是一个旧金山私宅的后院，院子的主人是一位从事金融行业的经理，对庭院的基本要求是花园易于维护和打理；在结束一天紧张的工作之后能够浸泡在浴缸中去除一天的疲劳。

本案的基本空间尺度为25英尺宽、50英尺长，为了使这个后院空间的设计充满趣味性与凝聚力，设计通过变化的图案及统一而有序的组织结构对庭院进行了合理的规划布局。庭院的生活功能区分为户外烧烤区与spa两个功能空间。

首先在平面规划上采用斜线作为空间划分的基本图形，通过这种方式来增加空间的动感，地面被斜线划分出不同的功能区域；各个功能区域之间采用不同的铺装材质来划分，如spa区域采用天然的木色材质铺装，限定了功能区域，同时给人以温馨的环境氛围。地面采用大小不一的黑色抛光菱形石质铺装，错落的排列方式，可以引导游览的路线，同时也增加了在游览路线上的趣味性。质板材统一了庭院中的烧烤区与游憩区；在游览路线的两侧和周围栽种了绿色的竹子与白色的草本植物，这些装饰元素的色彩相互对比，更增加了趣味性。尤其是带有滑轨的spa盖子，可以一物两用，通过地上的滑轨盖上后成为spa上空的盖子，拉开后便成为烧烤区的台子，这个设计既方便使用又充满了趣味性。

庭院的总体设计运用直线及斜线的空间关系来组织造型相互之间的条理性，庭院背后的条形背板通过留缝的方式形成疏密有致的围合造型，地面空间的划分也通过这些线条有机的组织在一起，通过这种手法的设计加强了整个空间的整体感；为了起到活跃的作用，将直线与庭院的边界形成一定的夹角，进而增加设计的动感，让空间的趣味性加强，这些手法与空间的尺度相呼应，呈现出有规律的秩序感，丰富了主人的视觉空间，在心理上起到了放松与缓解的作用。

经过精心设计的铺装留有缝隙，种植着沿阶草，使得道路与两旁的植物相互融合。铁筷子绽放着淡雅的花朵，竹子和沿阶草增添了意趣，营造出一个宁静、雅致的庭园。

竹
锦熟黄杨
铁筷子
麦冬

Horizon Residence

水平线住宅

Location: California，USA **Courtyard area:** 1250 m^2
Design units: Surfacedesign, Inc
项目地点：美国 加利福尼亚 **占地面积：**1250平方米
设计单位：Surfacedesign, Inc

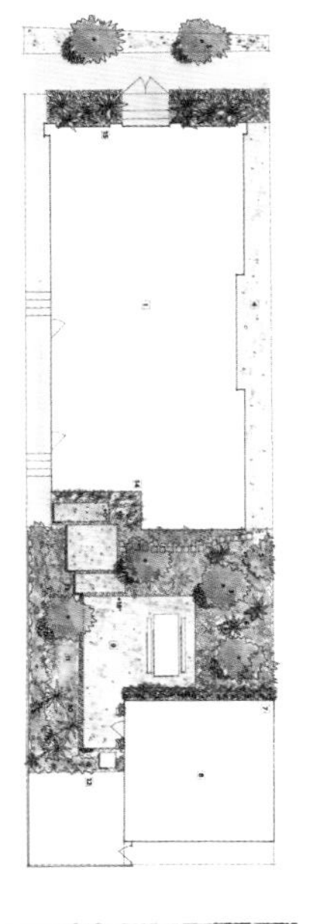

整个庭院在相对封闭的空间中，四周的攀援植物将墙壁覆盖，增加了庭院的生机。利用高差将庭院层次立体化。最高处设有平台，简洁的木质桌椅与整个规整的台地相互呼应，砾石铺满平台与台阶，使引导路径变得自然有趣。延伸的汀步两旁，耐阴性强的肉质植物与沙漠植物混合，创建一个淡雅的色调范围。线条简洁，形式简单，对比大胆，达到了空间内功能与美学的平衡。

庭园中种植了多种观叶植物，如沿阶草、龙舌兰、红千层以及景天类等，它们之间的株形、叶形、叶色及质感都形成优美的对比，攀援植物使建筑充满生机。

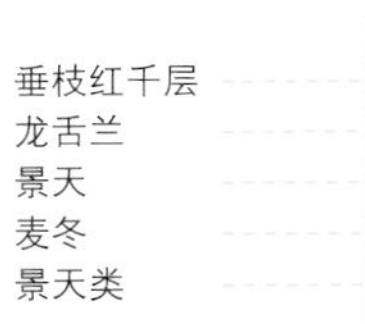

House by the Creek

溪边住宅

Location: Texas，USA **Courtyard area:** 1250 m^2
Design units: MESA
项目地点：美国 德克萨斯 **占地面积**：1250平方米
设计单位：MESA

规矩的黑色大理石花池与白色地面。影墙形成鲜明的对比，又与户外平台旁边的花池遥遥相对。户外平台是整个庭院的核心，干净的白色色调与木质屏风，不远处丛生的高大乔木相互呼应，如调色盘般纯粹、浓郁。其周围延伸的玻璃悬挑平台在质朴的建筑上又增添一抹灵动，反射出树的形态。高大乔木在多年生草本植物后面层层叠叠，限定了空间的同时也将整个庭院保护起来。

这里主要使用了一些观叶植物，如红枫、银杏、常春藤、一叶兰等，营造了一种宁静、祥和的庭园空间，蓝花鼠尾草淡雅的花序为庭园带来一丝清凉与趣味。

Island Modern

现代岛屿

Location: Florida，USA **Courtyard area:** 1000 square foot
Design units:Raymond Jungles, Inc.

项目地点：美国佛罗里达州 **占地面积：**1000平方英尺
设计单位：Raymond Jungles, Inc.

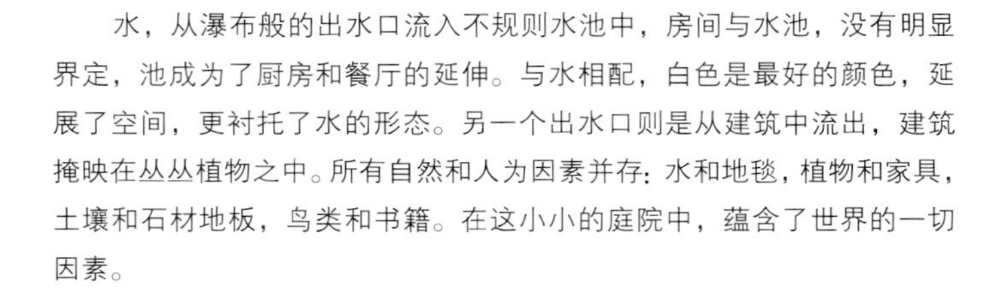

水，从瀑布般的出水口流入不规则水池中，房间与水池，没有明显界定，池成为了厨房和餐厅的延伸。与水相配，白色是最好的颜色，延展了空间，更衬托了水的形态。另一个出水口则是从建筑中流出，建筑掩映在丛丛植物之中。所有自然和人为因素并存：水和地毯，植物和家具，土壤和石材地板，鸟类和书籍。在这小小的庭院中，蕴含了世界的一切因素。

层层叠叠的植物围合起来，使水池四周形成一个深山幽谷的世界，在这里可以忘却城市的喧嚣和繁忙。棕榈树强调了垂直感，而凤梨属植物鲜艳的色彩给整个庭园带来了活力和激情。

广玉兰
凤梨
龙舌兰
冬青

Lee Landscape

Lee景观

Location: California，USA **Courtyard area:** 30 acres
Design units: Blasen Landscape Architecture,
项目地点：美国加利福尼亚 **占地面积：**30 英亩
设计单位：Blasen Landscape Architecture,

一堵景观墙，贯穿了空间的一体化，草坪与砾石地分割而开。建筑落地窗前的地形，石头以及孤植的虬枝树与平整草坪上线性栽植的高大乔木让空间形成了鲜明的对比，产生了视觉上的冲击。草坪上，汀步循景观墙而建，联通了建筑与砾石地。

石墙围合增加了整个区域的独立性，也分开了自然区与活动区。活动区处于下沉空间中，沿阶而下，先是路旁味道浓郁的薰衣草，而后便是宽敞明亮的烧烤区，在其之上还有木质花架，斑驳的阳光。独特的木栈桥跨过宽阔的水面到达另一边，转眼回到自然之中。

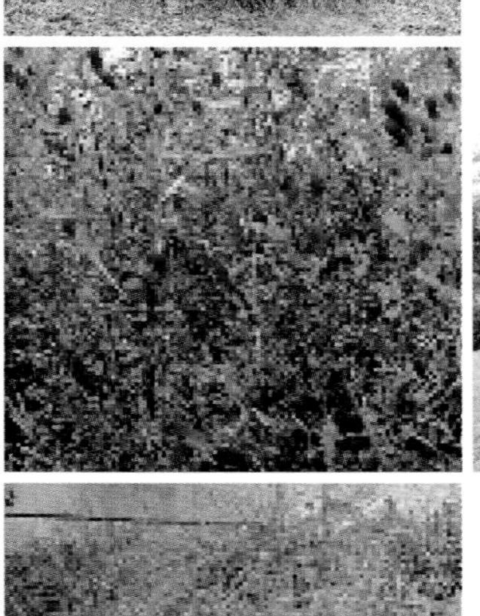

地榆和观赏草充满野趣的姿态装点着山坡，使得山坡看起来自然而舒缓。乔木高大的树形打破了建筑屋顶单调的横线，增加了景观层次。

Malibu Beach House

马里布海滩住宅

Location: California, USA **Courtyard area:** 1100 m²
Design units: Pamela Burton & Company
项目地点：美国 加利福尼亚 **占地面积**：1100平方米
设计单位：Pamela Burton & Company

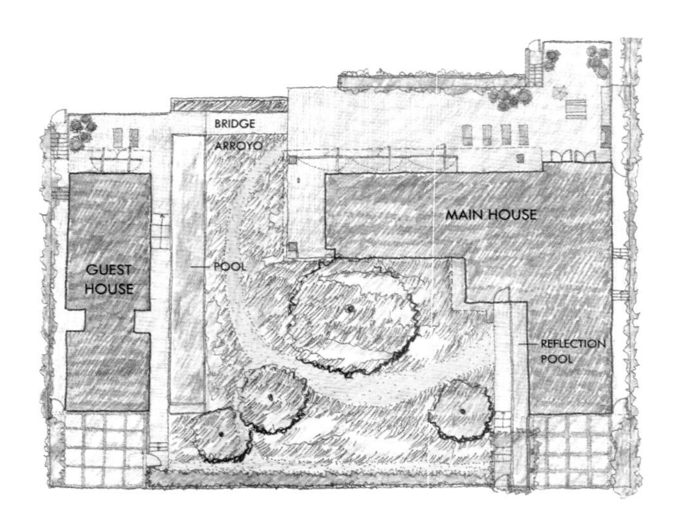

在海滨的庭院临海一侧，本项目放弃了使用石质铺装和青翠草坪，改而就地取材，以细软干沙为道路铺装，配以耐旱抗盐植物，模仿加州观赏草。而另一侧则与道路统一，使用了透水的砖质铺装，由建筑分隔。院内小路由木质甲板铺设，与建筑的防腐木板相互呼应。

细茎针茅即使在秋冬季节变成黄色时仍具有很好的观赏性，其细弱柔软、自然飘逸的茎叶同规则硬朗的泳池形成强烈的对比。背景中的乔木林有效地遮挡了不雅景观，并同远山产生呼应，仿若庭园就在山脚下。

Malinalco House

Malinalco住宅

Location: Mexico City, Mexico **Courtyard area:** 1100 m²
Design units: Sawyer/Berson Architecture & Landscape Architecture, LLP
项目地点： 墨西哥 墨西哥城 **占地面积：** 1100平方米
设计单位： Sawyer/Berson Architecture & Landscape Architecture, LLP

庭院内所有植物仿佛都是破土而出，庭院中不建设树池，而水面上树池却看不到泥土，只在红砖之上生长墨西哥仙人掌。建筑本身颜色已经颇为艳丽丰富，也就决定了植物颜色不能过于繁复，所以设计师就采用了蕨类等各种形态不一的种类，成就了庭院中植物多样性。长方形水池中偶有两块怪石，打破了规矩，增添了细部趣味。

高大的乔木营造出一种清凉的庭园空间，地面上高低错落的仙人柱有序地排成一列，产生一种韵律感，种植有老人须和石斛的景墙自然而有趣，景墙上方的龟背竹叶形美丽，并同地面的仙人柱形成有趣的对比。

Manhattan Roof Terrace

曼哈顿屋顶平台

Location: New York，USA　**Courtyard area:** 1428 square foot
Design units: Sawyer/Berson Architecture & Landscape Architecture, LLP
项目地点：美国纽约　**占地面积**：1428平方英尺
设计单位：Sawyer/Berson Architecture & Landscape Architecture, LLP

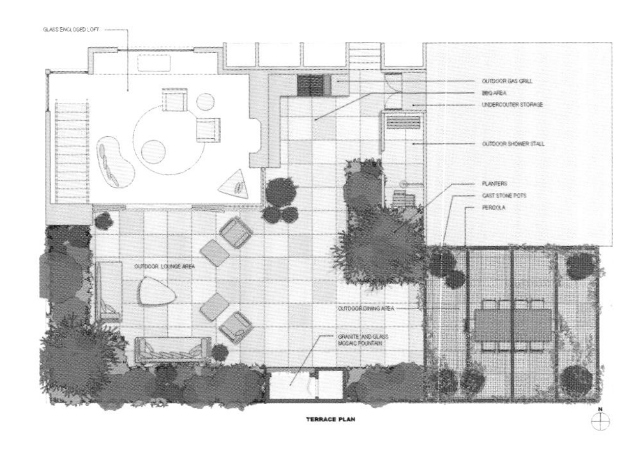

露台在一定程度上具有空间局限性，这里运用搭建花架来虚隔成两个空间。露天空间中将围墙用植物增厚，掩藏钢筋水泥的痕迹，用枝叶代替，而植物旁边就是黑色大理石跌水，声音仿若流动的小溪，在听觉、嗅觉、触觉上实现自然化。而花架下却又回归到活动空间，整个活动区两边用大型花盆等承载植物，但可以充分与另一边自然空间相互衔接。

优雅细致的迷迭香，盛开着洁白花朵的绣球，精致典雅的铺地柏，共同组成一个明快别致的庭园空间，在这里你可以享受到宁静悠闲的庭园生活。

Padaro Lane

Padaro小巷

Location: California，USA **Courtyard area:** 1.7-acre
Design units: Keith LeBlanc Landscape Architecture
项目地点：美国加利福尼亚 **占地面积**：1.7英亩（1英亩≈4000平方米）
设计单位：Keith LeBlanc Landscape Architecture

红木，石头，玻璃构成了建筑主体。与简单的材质一样，庭院设计也简单却富含深意。运用平台与前院空间，将灌木、多年生草本植物按高度依次种植，实现层次的丰富化。大面积草坪用小块石质砖块凝化为大片铺装，在保证细部的同时，也引导了游览路径。后院采用了竹子与低矮草本植物的经典组合，并合理运用毛玻璃增加了后院采光。

不同种类的棕榈科植物高低错落、疏密有致，或三五一丛，或孤植地点缀在庭园，棕榈类属植物潇洒的树形，优美的叶形，极具观赏价值，下层种植的春羽和紫叶的观赏草起着连接视线和丰富层次的作用。

观赏草
春羽

Pamet Valley

帕梅特谷

Location: California，USA **Courtyard area:** 6880m^2
Design units: Keith LeBlanc Landscape Architecture
项目地点：美国加利福尼亚 **占地面积**：6880平方米
设计单位：Keith LeBlanc Landscape Architecture

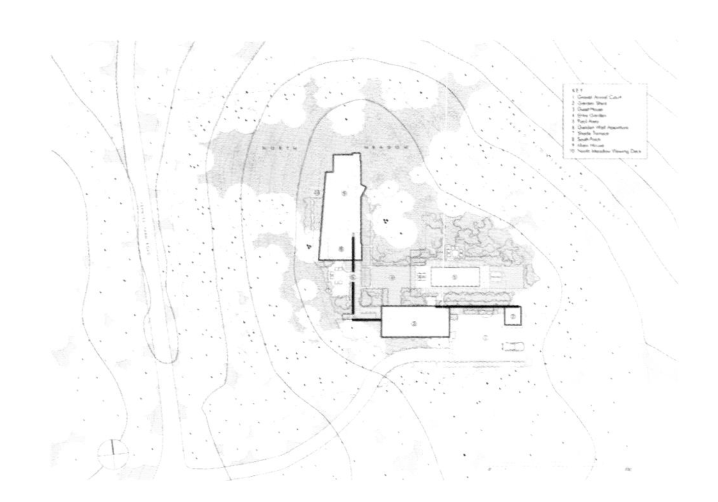

观景部分相较于休息部分更加充满野性，其用了与建筑统一的板材形式制造一堵巨大景观墙，只留有中间门框大小连通观景地与庭院内部，景观墙上种植大片蔷薇，既不打扰自然生长的各种野生植物，也将观景效果提升了一个档次。庭院内部以泳池为核心，周围种植鼠尾草等各种颜色形态各异的多年生草本植物及灌木。

外围种植的高大乔木，起着屏障和背景作用，盛开着洁白花朵的月季使围墙的轮廓变得柔和，泳池周围鼠尾草紫色的花序带来一丝清凉的感觉，也增加了庭园的情趣。

月季
观赏草
鼠尾草

Private Residence

私人住宅

Location: California，USA **Courtyard area:** 389 m^2
Design units: Andrea Cochran Landscape Architecture
项目地点：美国加利福尼亚 **占地面积：**389平方米
设计单位：Andrea Cochran Landscape Architecture

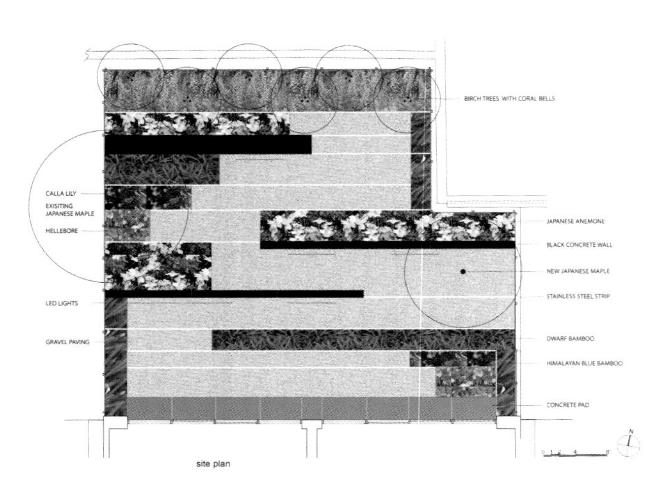

site plan

当庭院面积不大时，曲折增加游览路径是最好的解决方法。整个庭院被地上的管线分割为十几个长方形，运用黑色大理石矮墙与低矮植物将长方形部分填充，使游览路径增加为原来的若干倍，不遮挡视线，却阻碍一通到底的行走路线是这个设计的精华所在。黄、白、绿三色混搭出植物最质朴的颜色，与灰色铺地以及黑色大理石相辅相成，使整个空间看上去整体统一却不失乐趣。

白桦树洁白的树干和金黄的叶片在阳光的照耀下显得绚丽多彩，银莲花洁白的花朵为庭园增添了几分雅致，并和黑色的条凳形成鲜明的对比。

Private Residence Garden

私人住宅花园

Location: Virginia，USA **Courtyard area:** 340 m^2
Design units: Gregg Bleam Landscape Architects
项目地点：美国 弗吉尼亚州 **占地面积**：340平方米
设计单位：Gregg Bleam Landscape Architects

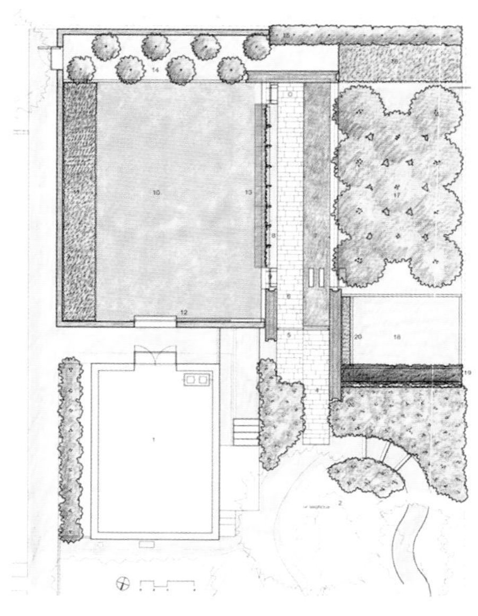

庭院的主色调定位在橘色砖石瓦砾与灰黑石板铺地之中，颜色构成稳重，温暖，使得绿色树与其相得益彰。青铜门令人回想起日本幕府时代的建筑，而宽阔水体与石质汀步的结合又将时间拉回到现在。墙与墙相互交错，以及大草坪旁边附隔板的葡萄藤架，将大空间分割成小空间，又用植物将其衔接。

爬满葡萄藤的栅栏形成一道若隐若现的绿色屏障，同时也使得栅栏旁的坐凳充满趣味。

Quartz Mountain Residence

水晶山住宅

Location: Arizona，USA **Courtyard area:** 380 m²
Design units: Steve Martino & Associates
项目地点：美国亚利桑那州 **占地面积**：380平方米
设计单位：Steve Martino & Associates

本案的建筑是一个有着40年历史的房子，形状狭长，因为发展的需求进行翻新和扩建。改造前门前有一个为户外体验者提供的直通车棚和沥青铺装的汽车停车场；停车场的面积大约400平方米。房子紧邻有汽车噪音的一个城市主要街道，户外没有纳凉的阴影区。业主希望将车棚覆盖的区域扩建成可以提供娱乐休闲的户外空间，并建立一个池畔的小屋，设置这些户外的活动空间是美国中西部的业主的生活经验，更是他们日常生活的一部分。在庭院中设置可以制造水声的喷泉，用来冲淡汽车噪音给这里带来的污染，它是构成这个改造项目的内容之一。在这个改造的过程中，只有通过设计模糊的边缘将房子和花园有机地联系在一起，使房子与花园相互衬托，这样才能达到项目改造的目的，这也是一次解决脆弱的沙漠生态环境问题的探索。本着这种设计理念，本案的设计大量应用原生植物，创造了与当地生态系统相匹配的人居花园；任何非原生树木和植物均在设计中被当地的原生植物所取代。房子也隐含在当地的人文与自然景观形态之中，种植了新的植物的街道景观发生了转变，要求对街道景观的样式重新进行规划，完全由房子构成的街景将被取代，改造后的室外长方形草地空间可以兼作儿童的活动场地。该项目对城市景观的贡献是为街道增加了茂密的原生态景观，进而改变了街道形式和景观的历史。

在本项目的改造过程中，为了降低空调负荷，便利用沙漠树荫和出挑的大屋顶来屏蔽阳光的直射。还使用了吊扇，节省了房子的使用空间，并使房子成为花园的“凉亭”，同时成为鸟类的庇护空间。庭院中高出地面的草坪将整个视野放大，整个建筑一览无余。在不同区域的墙上涂装橘色、紫罗兰色等艳丽的色彩作为装饰，增加了庭院的可爱之处。经典的沙漠植物种植在院中，使庭院与自然环境融为一体。

该项目演示了如何利用新的设计工作思维，将环境、建筑与基地的自然生态系统有机地联系在一起，营造出宇宙万物的共生与共存的和谐空间。

沿着墙垣种植的马缨丹花色艳丽而多变，观赏期长，为庭园带来了绚丽的色彩，其柔美的姿态又与掌状的仙人掌形成鲜明的对比。

虎刺梅
仙人掌
马缨丹

Private Residence Palm Desert,CA

加利福尼亚州帕姆迪泽特市某私人别墅

Location: California，USA **Courtyard area:** 4 150 m²

Design units: RGA LANDSCAPE ARCHITECTS,INC.

项目地点：美国 加利福尼亚 **占地面积：**4 150平方米

设计单位：RGA LANDSCAPE ARCHITECTS,INC.

这座别墅位于一个高尔夫乡村俱乐部旁边的两块土地上。这个景观建筑采用了乡村和现代相结合的建筑设计手法，为散漫布置的别墅创造了一个放松、休闲的环境。主别墅高高耸立在小山坡上，俯视着高尔夫球场和远处的帕姆迪泽特市。利用坡度的变化，沙漠溪流从主别墅流向低处的会客区和娱乐区。网球场、自然风格的游泳池和烧烤野餐为主人和他们的客人提供了康乐设施。所有的硬景观表面都铺上了错落有致的小石头，强调了别墅的乡村风格。造景主要采用沙漠植物，包括各种树木、仙人掌和肉质植物。各种开花的灌木和多年生沙漠花卉为景观增添了活力。为了与项目地点的乡村设计特色协调一致，除了在重点区域铺上了鹅卵石以外，我们没有用植被将绿化区覆盖。景观设计注重能效和可持续性，因此所有的植物体（草坪除外）都采用滴灌的方式进行灌溉。景观的重点照明采用节能的 LED 灯具。

在这个迷人的庭园里，将耐旱植物直接种植在岩石中，具有建筑风格的凤尾兰和新西兰麻俏然挺立，马缨丹和叶子花则自然地铺在岩石上，柔化了石头的轮廓，并带来鲜艳的色彩。庭园中的植株都较为低矮，因而在庭园中可以欣赏到远山壮丽的景色。

Sonoma Vineyard

Sonoma葡萄园

Location: California，USA **Courtyard area:** 400 m²
Design units: MFLA Marta Fry Landscape Associates
项目地点：美国 加利福尼亚 **占地面积：**400平方米
设计单位：MFLA Marta Fry Landscape Associates

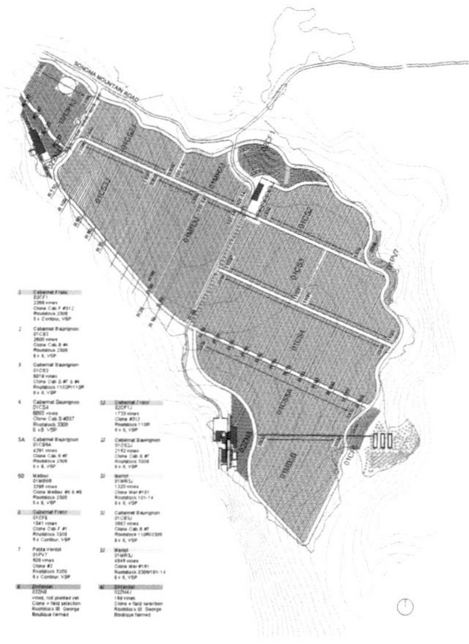

院落中竹林以长方形块状种植方式出现，只略高出鹅卵石铺地，显得自然而明显。遮阳棚构造简单而现代，棚柱却由于缠绕的花朵而与自然融合。大面积庭院中方形泳池镶嵌于方形草坪之中，泳池旁是大面积露台，不栽种植物，也不放置小品，只有一块四方水池，螺旋分布的楼梯为平板式层叠增加了趣味。复古的花境运用大量植物，颜色和形状都得到了丰富。

此处的花境主要以观叶植物为主，如观赏草、玉簪、矾根等，它们的叶形、叶色及纹理都形成鲜明的对比，在茂密的背景林的衬托下，一同组成一幅精美的画面。

Speckman House Landscape

Speckman住宅景观

Location: Minnesota，USA **Courtyard area:** 350m^2

Design units: Coen + Partners, Inc.

项目地点： 美国 明尼苏达州 **占地面积：** 350平方米

设计单位： Coen + Partners, Inc.

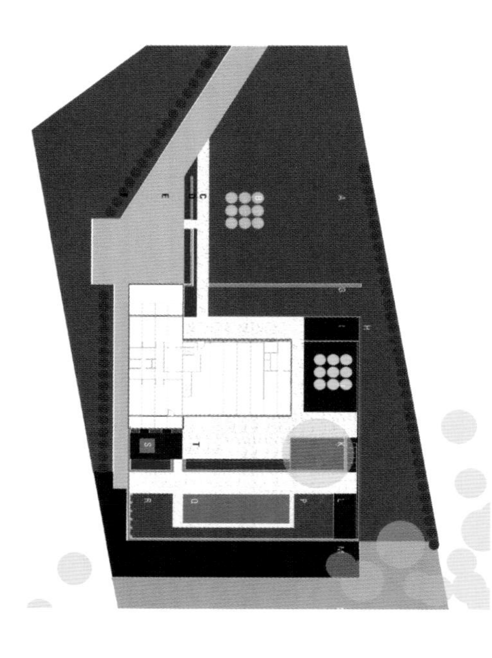

此景观是以综合的手法对原有现代主义住宅所在场地的重新设计，住宅的改动很小，大部分尊重了原有的住宅景观。此景观的目的是在场地中进行一系列相互关联的改造，不仅要尊重原有的建筑风格，而且还要以既实用、又能满足新需求，并且环境敏感的方式打造出现代主义的风格。住宅是一个建于二十世纪五十年代的现代主义单户住宅，位于美国明尼苏达州圣保罗地区的高地公园。本地区由中产阶级的战后家庭组成，远处有明尼苏达河谷的悬崖景观。对于城市住宅来说，这里十分宽敞，地势从南向北变化很大，南半部分有一片成熟的橡树林。

即使在冬季，栎树古朴优美的树姿也很好地装点着庭园，使得庭园不枯燥，其高大的树形，苍劲的树枝，在蓝天的映衬下宛若一幅典雅的淡彩画，雪地上面低矮的紫叶小檗则与高大的栎树形成了很好的呼应。

Tables Of Water

水桌庭园

Location: Washington，USA **Courtyard area:** 14000m²
Design units: Charles Anderson + Partners (CALA)
项目地点：美国 华盛顿 **占地面积：**14000 平方米
设计单位：查尔斯安德森景观建筑公司

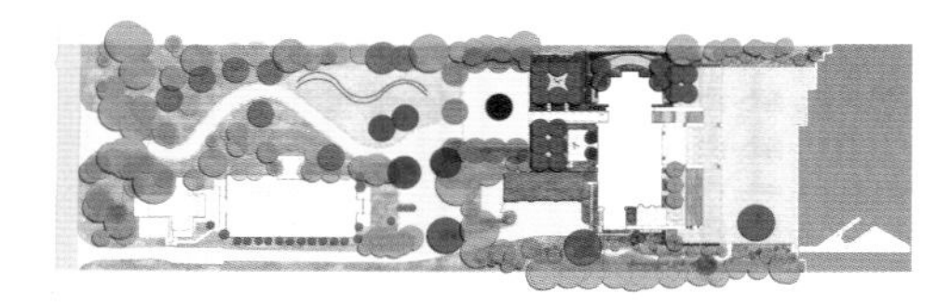

这座住宅采用了简约的设计风格，旨在在景观、艺术和建筑之间建立起相互关系。房屋的墙壁一直延伸到室外，为雕塑取景提供空间。水元素贯穿整个基地，作为一种水文要素，先被看到，然后被听到，最后演变成一种触觉体验——游泳。两个花园将常绿树篱和灌木丛的几何结构隔开。野生花园主要种植棕榈树，与基地周围原有的热带植物相呼应。月亮花园中夜间开花的植物和多年生植物为散步（尤其是夜间散步）提供了一个幽静的场所。

一排秀美的竹子形成一道亮丽的屏障，起着分隔空间层次的作用，其竹影婆娑，姿态入画，碧叶经冬不凋，清秀而又潇洒，形成一种如诗如画的感觉。棕色的麦冬草和翠绿的竹叶形成鲜明的对比，增添了庭园的意趣。

竹

麦冬

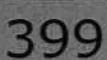

Unfolding Terrace

折叠平台

Location: New York，USA **Courtyard area:** 450 m^2
Design units: Terrain-NYC, Inc
项目地点：美国 纽约 **占地面积**：450平方米
设计单位：Terrain-NYC, Inc

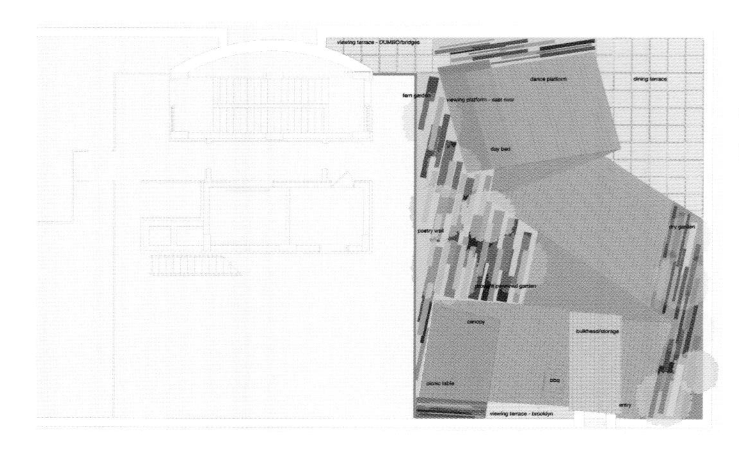

将整个露台切割为若干不规则小块，将其高差设定为不同数值，以甲板覆之，又利用灯光将台阶显示，巧妙而简洁。统一采用木质甲板在硬质铺装上就具有了一体性，连花池树池也不例外。各种多年生草本簇拥着乔木，丰富了色彩，同时也丰富了形态。

桦树风姿娟秀，在彩色玻璃的映衬下，形成一种如诗如画的感觉，草本花卉为画面增加了丰富的色彩，共同组成一幅秀丽的风景。

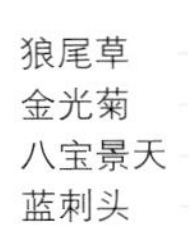

Urban Garden

城市花园

Location: San Francisco USA **Courtyard area:** 450 m^2
Design units: Charles Anderson + Partners (CALA)
项目地点：美国旧金山 **占地面积**：450平方米
设计单位：Blasen Landscape Architecture

Front Entry
Roof Deck
Cantilever Bench
Climbing Rope
Slide
Sandbox
Sculptural Piece
Herb Garden
Shed
Retention / Dog Area

Urban Play Garden

Buena Vista Park Neighborhood
San Francisco, CA

12'-0"

花园层的重点是冒险游戏，用各种方法将场地具体化，多样化。简单的一个坡化外三个部分：草坪部分可以供孩子攀爬翻滚也不至于受伤，中间部分供家长行走，而石质滑梯— 在公园里最受瞩目的娱乐项目，现在，近在咫尺。有效利用坡下三角区域，作为沙坑，既提供了孩子游玩空间，也进一步保障了他们的安全。木制桌椅在不打破环境的和谐下，也为家长提供了休息及照看孩子的地方。

整个庭院建立在一个急倾斜角度且不规则形状的地方。各种条状质地材料组成了一个壁炉区，统一而略有变化，让整个区域整体性与新奇性兼备。

虽然只有寥寥几种植物，却很好地装点着庭园，并同简洁的庭园风格保持协调一致。黄杨柔化了围墙的轮廓，增加其变化，小乔木增加了垂直感，并为庭园带来树荫，薰衣草则为庭园增添几分活力和柔美的感觉。

锦熟黄杨
薰衣草

Vienna Way Residence

维也纳式住宅

Location: California，USA **Courtyard area:**390 m^2
Design units: Marmol Radziner & Associates,
项目地点：美国 加利福尼亚 **占地面积**：390平方米
设计单位：Marmol Radziner & Associates,

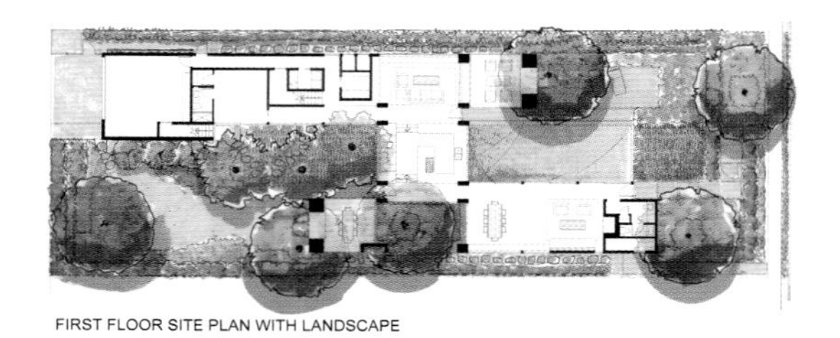
FIRST FLOOR SITE PLAN WITH LANDSCAPE

低矮的绿篱，围合整个空间。方形水池被建筑围合，从建筑中可以透过水池，看到远处的花草树木。建筑多处采用半封闭空间，增强了建筑与自然的沟通。建筑主体以深灰为主，辅以木质板材，地面铺装以白色为主，辅以木制家具。尽管庭院组织元素的花园是水，植物基本是耐旱植物。

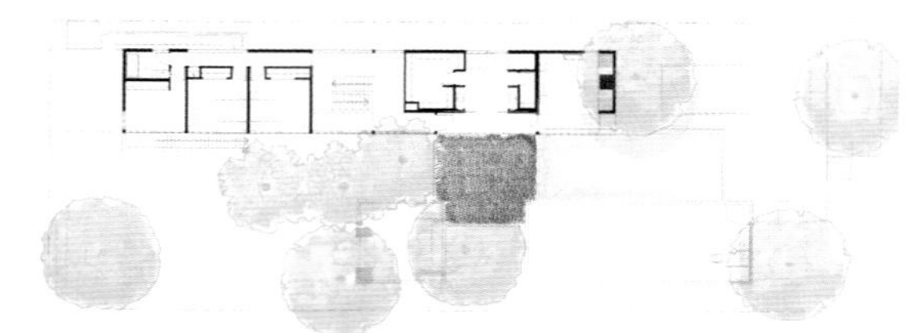
SECOND FLOOR SITE PLAN WITH LANDSCAPE

在明快、整洁的庭园里，植物应该是稀疏的，具有一定建筑风格，能反映这个地方的总体特点。此处，简洁、整齐的灯心草很好地衬托和呼应着具有很强现代感的建筑，而高大的乔木则起着柔化建筑轮廓和丰富景观层次的功能。

灯心草

Villa H.

H别墅

Location: St. Gilgen, Austria, **Courtyard area:** 2900 m^2

项目地点：奥地利，圣基尔根 **占地面积：**2900平方米

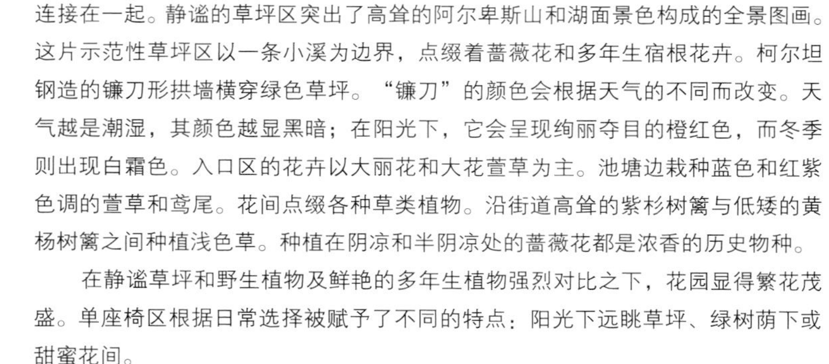

延绵起伏的景观将位于沃尔夫冈湖附近圣基尔根市的一栋别墅的新旧生活区连接在一起。静谧的草坪区突出了高耸的阿尔卑斯山和湖面景色构成的全景图画。这片示范性草坪区以一条小溪为边界，点缀着蔷薇花和多年生宿根花卉。柯尔坦钢造的镰刀形拱墙横穿绿色草坪。“镰刀”的颜色会根据天气的不同而改变。天气越是潮湿，其颜色越显黑暗；在阳光下，它会呈现绚丽夺目的橙红色，而冬季则出现白霜色。入口区的花卉以大丽花和大花萱草为主。池塘边栽种蓝色和红紫色调的萱草和鸢尾。花间点缀各种草类植物。沿街道高耸的紫杉树篱与低矮的黄杨树篱之间种植浅色草。种植在阴凉和半阴凉处的蔷薇花都是浓香的历史物种。

在静谧草坪和野生植物及鲜艳的多年生植物强烈对比之下，花园显得繁花茂盛。单座椅区根据日常选择被赋予了不同的特点：阳光下远眺草坪、绿树荫下或甜蜜花间。

依地势营造的草坪形成灵动的曲线，周围被茂密的乔木、灌木环绕，形成优美自然的空间。庭园中自然的曲线美和人工的直线美共存，让人倍感舒适，宽阔的远景清晰可见，给人带来强烈的浪漫气氛。

红枫

Wittock Residence

Wittock 别墅

Location: Sydney, Australia **Courtyard area:** 430 m²

项目地点：澳大利亚悉尼 **占地面积：**430平方米

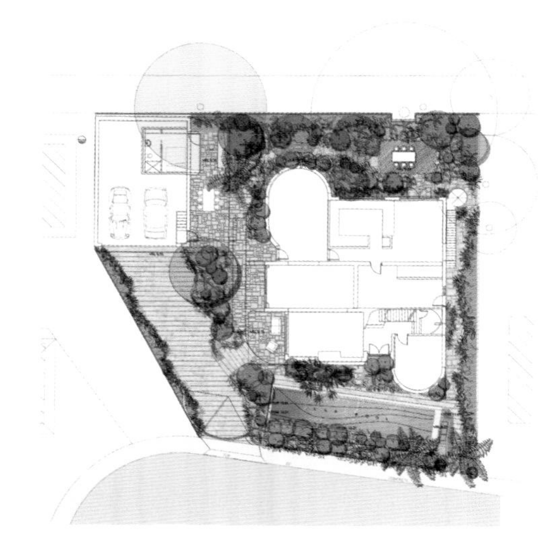

Wittock 别墅俯瞰澳大利亚著名的悉尼港。业主希望尝试一种“野趣”的设计风格，景观设计涵盖了一系列的理念，自然、休闲、大胆、不拘一格，烘托出了项目独特的气质。庭院种植浓密，郁郁葱葱，充分表达了设计师对“野趣”这一主题的阐释。在高差丰富的场地内，设计师创意地打造了一系列相互连接的花园庭院。一面蓝灰色的景墙巧妙地将车行道与庭院的空间分隔，景墙一直延伸到别墅的前方，环抱建筑。入口处的台阶由大块的玄武岩铺设而成。后花园入户前设有一个木平台，是住户休憩和餐饮的惬意空间，绿意盎然。

庭院的风格和建筑相呼应，强调了建筑独特的弧线和俯瞰悉尼港的宽大平台。设计师精心挑选了适宜场地气候的植物，巧妙处理了场地内的高差变化，打造了一处流畅、完整的环境。

丝兰和龙舌兰突出的外形具有很强烈的建筑风格，和旁边的建筑形成鲜明的对比。另一方面，巧妙布置的马蹄金，仿若流动的泉水一般，柔化了挡土墙和阶梯坚硬的轮廓，同时给庭园带来无穷的趣味。

凤尾兰
春羽
龙舌兰
马蹄金

Woody Creek Garden

木溪花园

Location: Colorado，USA **Courtyard area:** 360 m²
Design units: Design Workshop, Inc
项目地点：美国科罗拉多州 **占地面积**：360平方米
设计单位：Design Workshop, Inc

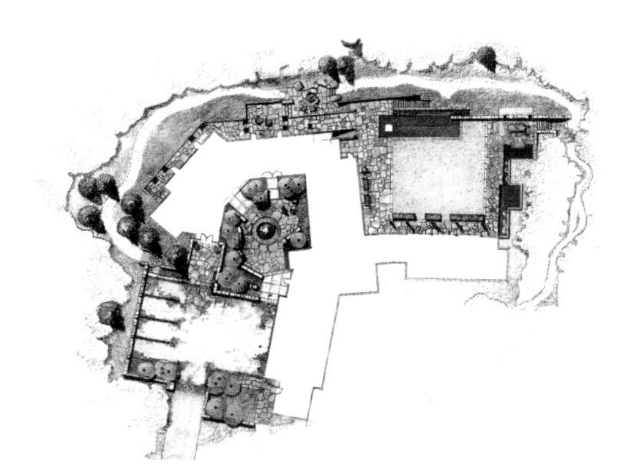

无论是建筑主体还是围墙，都运用了大量毛石材，与木质栅栏、楼梯相结合，使庭院充满了自然气息。大块石板铺装也布满整个庭院，还有大面积平整草坪，让庭院变得乡村般质朴。围墙上镂空的灯光是点睛之笔，如童话里黑暗中石质小屋窗口中透出的微亮，温馨宜人。黑色抛光大理石的跌水，也为整个空间增加了一丝童话的神秘。

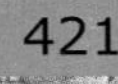

层层错落的白桦林姿态娟秀优美，色彩绚丽，令人陶醉，仿佛使人置身于童话世界。秋天丰富的浓浓的色彩预示了植物生长季节的结束和冬天的到来，但是即使是冬天，白桦林优美的枝干仍能创造出充满意趣的画面，使这一空间一年四季都充满意趣。

No.16 Building, Chengzecourtyard, Aitao Yishui Garden

爱涛漪水园承泽苑16栋

Location: Nanjing，China **Courtyard area:** 230 m²
Design units: Nanjing QinYiYuan Lanscape Design Co.,Ltd.

项目地点：中国 南京 **占地面积**：230平方米
设计单位：南京沁驿园景观设计艺术中心

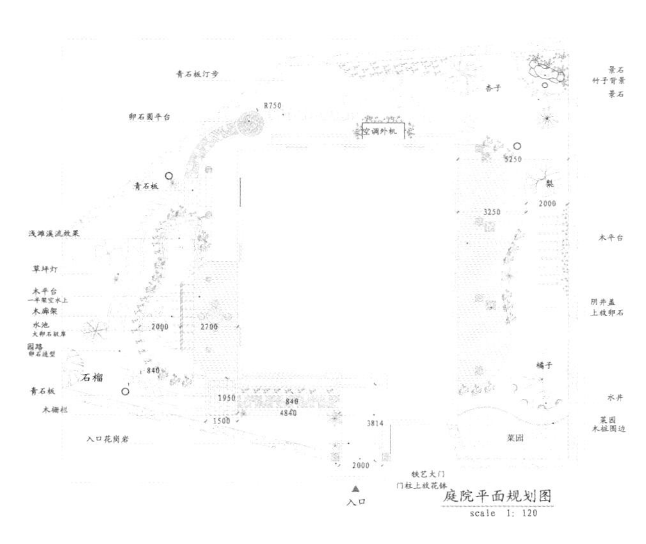

本案的节奏变化还体现在另外一种设计手法上，利用植物组景的疏密变化来突出层次感，结合不同的功能空间来变化组合的细节；在木质平台休闲区，利用可移动的装饰花盆烘托温馨浪漫的空间氛围，通过装饰的花草与白色古典风格的户外家具营造出经典的美式田园造型，突出空间的设计风格主题。庭院中高大的树篱与低矮的灌木之间形成了丰富的景观层次，利用这种手法设计庭院空间，不仅改变了环境的形式还丰富了景观的视野，并很好地利用了原有的景观元素。

常春藤、春羽、一叶兰和鸢尾等植物丰富多变的叶形装饰和点缀着这个小水池，如果再能配植一些彩叶植物将更能增加庭园的色彩和趣味。

Maple Town, Beijing

北京御墅林枫

Location: Beijing，China **Courtyard area:** 160 m^2

Design units: Landscaper-China

项目地点：中国 北京 **占地面积：**160平方米

设计单位：北京澜溪润景景观设计有限公司

前庭小庭院位置位于整个平面图的南侧，面积 15 平方米，以引导庭院景观，阻挡庭院外的视线，加强空间私密性为主要目的。设计中则以植物配置为主，主要植物品种有北海道黄杨、碧桃、美人梅等，主景树有白玉兰。

庭院通道是从前庭走廊通过花园一直延伸到庭院后庭，在通道东侧花园观赏区，植物层次突出，四季有花，四季分明，尤其是植物边缘线与草坪交界明显。庭院赏石位于庭院中庭观赏区的植物丛中，赏石用的木化石，作为庭院中的一处主景，在庭院中也起到风水石的作用，石头高 2.5 米，在比例空间上起到立体作用。庭院水景位于庭院的东北角，这从建筑与庭院关系上来说也是一个风水水景，水池采用了欧式的烧结砖砌筑，面积 4 平方米，池中有欧式的水景汉白玉雕塑。

庭园的轮廓通过植物的栽种变得模糊和柔和，同时营造出一个相对私密和静谧的庭园空间，种在花盆里的观赏草为庭园增加了动感和情趣。

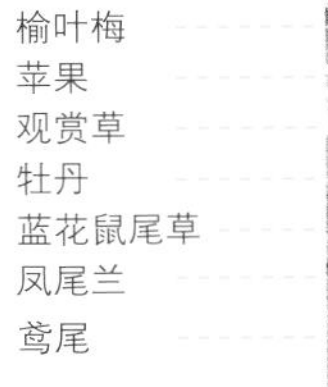

Chengze Garden No. 6 Building

成泽园6栋

Location: Nanjing，China **Courtyard area:** 150 m²
Design units: Nanjing QinYiYuan Lanscape Design Co.,Ltd.
项目地点：中国 南京 **占地面积：**150平方米
设计单位：南京沁驿园景观设计艺术中心

本案在总体规划中充分结合庭院空间尺度，对生活空间的功能进行了合理的规划和改造，将不同功能空间集中设置，使得庭院看上去更加规整、有序。庭院内的视觉设计统一而富于变化，打破了狭窄空间形成的压抑感。庭院的细节设计丰富，与庭院造型之间的搭配统一而协调，突出了设计的整体感。

攀援植物柔化了廊架坚硬的轮廓，并使入口充满生机，但在这里植物还是稍显单薄。可以沿着木栅栏种植一些枝叶茂密的观花或观叶植物，既可以增加庭园的隐秘感，也可装点庭园空间。

Jade Island

千岛湖翡翠岛

Location: Hangzhou，China　**Courtyard area:** 500 m^2
Design units: A&I(H.K.)Landscape and architecture design Co.,Ltd.
项目地点：中国杭州　**占地面积**：500平方米
设计单位：安道国际

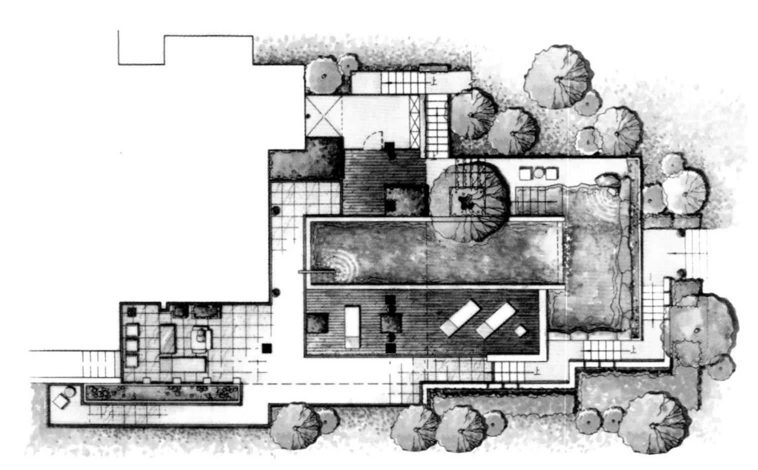

庭院设计以人的行进方式为主线，将场地中各个院落串联起来，使景观更具连贯性。入口处，一道弧形景墙在绿树、翠竹的掩映下，将人们引入别墅。道路的两旁种植了层层叠叠的各色花境与郁郁葱葱的高大乔木，围合成一个开放、幽静的入口花园。庭院以现代简洁的建筑特质和层层而下的空间形态为依据，参照场地现有条件来塑造与之契合的景观庭院。整个庭院以建筑材质的色彩及质感为基础，采用天然的锈石花岗岩与黄木纹板岩，配以木平台及当地的古老石营造舒适和谐的户外空间，同时也加强了景观与建筑之间的联系。粗犷与细腻材质的对比更加衬托出园景的精致。

植物自然柔美的外形同步道规则的几何图形形成一种鲜明的对比，曲折而上的阶梯隐没在幽深的植物群落中，营造出一种曲径通幽的感觉。

竹

Forte Langxiang 80-1

复地朗香80—1

Location: Nanjing，China **Courtyard area:** 100 m^2

Design units: Nanjing QinYiYuan Lanscape Design Co.,Ltd.

项目地点：中国 南京 **占地面积：**100平方米

设计单位：南京沁驿园景观设计艺术中心

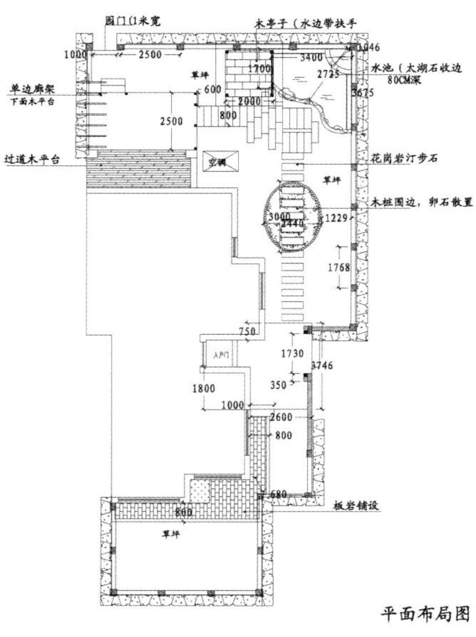

平面布局图

样式简单的两处平台分别被设置于庭院的一角及建筑出口处，不大的空间中，功能最终决定了庭院的大致布局。一组古朴的石质水槽亦为景观节点处提气不少，置于柱头的铁艺铃铛好似怀念着那已远去的纯真年代。汀步小径尽头的水景雕塑，中间原木圆柱围合的卵石场地，起点处的木质平台，一个个小巧的景观节点细致地点缀着狭长的通行空间。

角落里一丛青翠的竹子给庭园增添了几分清凉和静谧，但背景中植物还是稍显单调，如果在木栅栏边种上藤本月季或其他藤本植物，让其攀援而上，或在木平台上放上几盆种在陶罐里的装饰性花卉，将使庭园更富有观赏性和趣味性。

Lakescape No.1 Villa

湖景壹号别墅庄

Location: Guangzhou，China **Landscape area:** 8515 m²

Design units: SJDESIGN

项目地点：中国 广州 **占地面积：**8515平方米

设计单位：广州·德山德水· 园林景观设计有限公司 广州 ·森境园林·园林景观工程有限公司

首先花园内边界空间造型采用圆形作为主题元素，通过这种手法与建筑的风格相协调，增强总体环境的统一感，并通过不同的装饰材质来围合不同的空间区域，这样在视觉上给人以富于变化的统一感，同时也丰富了花园空间的总体层次。如利用石材作为花池的边界与草坪空间之间形成了良好的分割关系，花池与草皮之间的过渡采用低矮的草本植物作为装饰弱化了过渡之间的生硬之感；野趣池塘边上的圆形木质地台与太阳伞下的休闲座椅之间构成的休闲之处与花园之间形成了亲密的对应关系。秋千摇椅的地面在用自然的花岗岩作为装饰的铺装来限定一个休闲的空间，仍然采用了圆形的装饰元素。香草园采用了植物作为装饰的主题，采用红砖砌制的花池、台阶、花池旁边的花篱装饰给人以美式的田园风格。中间造型优雅的大树形成了该区域的视觉中心，同时遮挡了野趣池塘的视线，并成为空间之间的过渡元素。

罗汉松神韵清雅，俏然挺拔，自有一股雄浑苍劲的傲人气势，同时其也契合中国文化“长寿”、“守财吉祥”等寓意，进一步深化了庭园的文化和精神内涵。

Private Residence Rancho Santa Fe, CA

加利福尼亚兰乔圣菲私人别墅

Location: California，USA **Landscape area:** 33600 m^2
Design units: RGA LANDSCAPE ARCHITECTS,INC.
项目地点：美国 加利福尼亚 **占地面积：**33600平方米
设计单位：RGA LANDSCAPE ARCHITECTS,INC.

这栋位于美国加利福尼亚南部小镇兰乔圣菲的现代别墅建在一个 3.2 公顷的山坡上。我们通过茂密迂回的雕塑花园实现了简约的景观建筑设计。蜿蜒的硬景观布局和草皮、爱情花和叶子花属等简单的绿化为场地注入了清新和活力。由于别墅位于一个平顶山上，两面都是崎岖的峡谷，因此我们所选用的植物和景观设计不仅仅是为了美观，而且还能防止这一地区的丛林火灾。盆栽的柑橘水果园增加了对主峡谷上坡的保护。水这一元素在景观建筑布局中发挥着主要的作用。庭院墙内外清澈的水池在白天可以为来客提供丰富的体验，在夜晚又能够制造波光闪烁的美景。峡谷汇聚处上方的巨大池边悬臂为水池区和别墅区增加了一道靓丽的风景。水形成的特色与别墅景观的茂密形成了明显的对比，与周围崎岖的自然地形相互映衬。别墅的主人喜欢招待朋友，因此我们在网球场设计了一个巨大的草坪娱乐区，从网球场可以欣赏到凉亭的景色，从凉亭也可以俯视比峡谷低几英尺的下陷网球场。草坪区可以用来玩槌球、羽毛球或排球，也可以用来举行正式的活动，或搭上遮阳棚举行聚会。

百子莲、叶子花和芭蕉三种植物布置在庭园入口，由外向里、由低到高形成一种高低、远近的秩序感，三种植物又在形体、线条和色彩上形成鲜明的对比，相映成趣，让人有一种明快、健康的感觉。

6002

Simple And Modern Style Courtyard

简约现代风格庭院设计

Location: Chengdu，China　**Courtyard area:** 56 m²

Design units: Chengdu Green-Nest Ecological Garden Engineering Co., Ltd.

项目地点：中国 成都　**占地面积：**56平方米

设计单位：成都绿巢生态园林工程有限公司

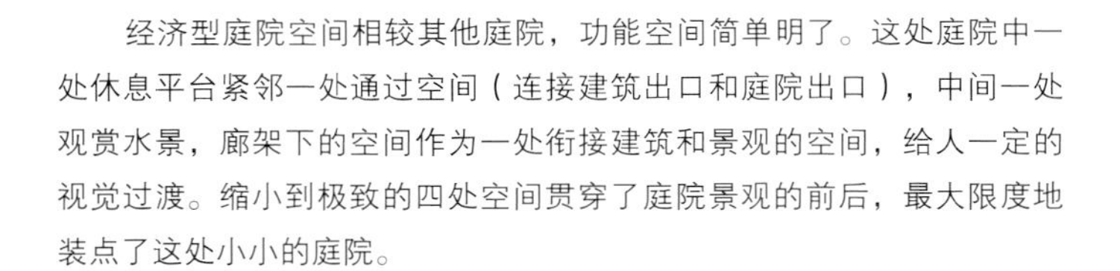

经济型庭院空间相较其他庭院，功能空间简单明了。这处庭院中一处休息平台紧邻一处通过空间（连接建筑出口和庭院出口），中间一处观赏水景，廊架下的空间作为一处衔接建筑和景观的空间，给人一定的视觉过渡。缩小到极致的四处空间贯穿了庭院景观的前后，最大限度地装点了这处小小的庭院。

丰富的植物使得庭园入口的小径显得更加生动和有趣，盛开的叶子花同有着轻盈绿叶的海芋形成了鲜明的对比。

石清泉堪一饮

Gemdale•GZ lake

金地荔湖城

Location: Foshan，China **Courtyard area:** 380 m²
Design units: Keymaster Consultant
项目地点：中国 佛山 **占地面积：**380平方米
设计单位：广州市科美设计顾问有限公司

"水"作为最具有表现力的生态和景观资源而成为项目的主题，山地环绕天然水库，达成开发与自然资源之间微妙的互利关系而成为规划构思的主旨。

位于金地荔湖城北面的二期用地，是三面环水的丘陵地带，具有优良的自然生态环境。通过对基地的考察，我们认为本案应尊重并利用好原有的自然景观资源，在原规划方案的思路下结合现代简洁风格的人造景观，营造出能成为人与自然环境的交流媒介的园林景观，力求达到人居与自然共生的环境。

为实现上述目标，我们提出"浅草"、"叶子"、"萤火虫"三个概念，作为二期的三个主要组团花园的主题，以具体诠释人居与自然共生的理念。

一条狭窄的石板路隐藏在植物中，竹竿的垂直动势和重叠错落，给人以深远的感觉，姿态清秀的蜘蛛兰成排列植于道路两旁，和竹子产生呼应。

Jindi Green No.53

金地格林53号

Location: Shanghai，China **Courtyard area:** 60 m^2
Design units: Shanghai Hothouse Garden Design Co.,Limited
项目地点：中国 上海市 **占地面积：**60平方米
设计单位：上海热枋（HOTHOUSE）花园设计有限公司

这座近 60 平方米的现代简约式花园位于嘉定南翔的金地格林世界，业主是位年近四十的公司高级管理者，繁忙的商务活动和无穷尽的应酬让其感到疲惫不堪，去年下半年的一天，她和先生一起逃离了都市，选择在这处清静悠闲的地方重新安家。别墅是送精装修的，于是其把所有的时间和精力都投到花园的设计和建造中来。起先其想让我们完全拷贝她邻居家的花园，那是我们去年年初完工的一个现代水景园，不足 40 平方米的空间里，合理安排了水景，花坛，储物箱和烧烤区，空间利用高效，高雅而且舒适。

红枫、盛开的红杜鹃以及红色的矮牵牛，在红棕色木栅栏和暖色灯光的映衬下，营造了一种温馨、浪漫的氛围。

Rancho Santa Fe No. 91

兰桥圣菲91号

Location: Shanghai，China **Courtyard area:** 300 m^2

Design units: Shanghai Hothouse Garden Design Co.,Limited

项目地点： 中国 上海市 **占地面积：** 300平方米

设计单位： 上海热枋（HOTHOUSE）花园设计有限公司

优秀的景观在于细节处理。此处庭院空间分布简洁，一处面积较大的休憩平台处于中心位置，四周的景观处理就显得尤为重要。层层跌台的种植造景，增加景观层次的同时也削弱了围墙的硬质划分感和对于人的束缚感。一端的潺潺水景配以背后高低错落的植被掩映着的文化石围墙，鲜艳饱满的色彩碰撞出设计的激情，处处体现着该处景观独到的细节处理。

由乔、灌、草组成的混合花境，可以柔和庭院的边界，非常吸引人。植物的高度和外形变化构成一幅丰富的画卷，红色的杜鹃花和矮牵牛，粉红色的石竹以及白色的滨菊之间构成色彩的微妙变化。

桂花
樱花
棕榈
矮牵牛
女贞
红花檵木
金雀花
白晶菊

Nanjing Garden (Terrace)

南京园花园（天台）

Location: Guangzhou，China **Courtyard area:** 185 m^2

Design units: SJDESIGN

项目地点：中国 广州 **占地面积**：185平方米

设计单位：广州・德山德水・园林景观设计有限公司 广州 ・ 森境园林・园林景观工程有限公司

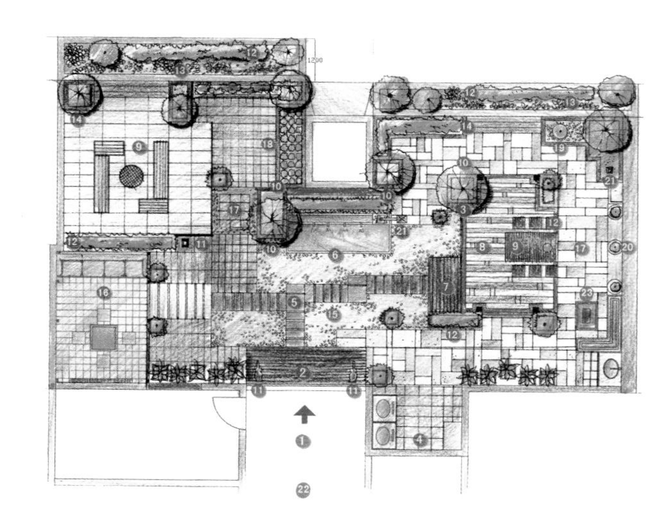

庭院的总体设计运用直线及斜线的空间关系来组织造型相互之间的条理性。庭院背后的条形白墙上的木板通过留缝的方式形成疏密有致的围合关系。地面空间的划分也通过这些线条有机的组织在一起，通过这些手法加强了整个空间的整体感。为了活跃庭院的灵动，在院中央围合成一块简洁的水池，这些手法与空间的尺度相呼应，呈现出一种简约的视觉美感。

秀美的紫竹、青翠的肾蕨作为背景很好地装点着平静、清澈的水池，并在水池中投下朦朦胧胧的倒影，形成一幅宁静、优美的画面。

Mountain-River Portal Palm Bay 23-2 Garden

山水华门棕榈湾23-2花园

Location: Nanjing，China **Courtyard area:** 120m^2
Design units: Nanjing QinYiYuan Lanscape Design Co.,Ltd.
项目地点： 中国 南京 **占地面积：** 120平方米
设计单位： 南京沁驿园景观设计艺术中心

院中以一处水景为整个庭院的景观中心，桥横跨于水景之上，作为其对景的假山跌水位于水景一侧，水景另一侧亭、台相接，与桥相连，形成一处水景边主要的观鱼听水之所。相似的深褐色木质构筑亭、台、桥、花架、栅栏，环绕分布庭院四周，相同的材料元素构成的庭院景观更多了些契合、关联，使庭院更富有完整性和统一性。水景一侧是亭，一侧是假山，以桥相连，相互呼应，互为景观。临近亭的另一侧茂密的种植，形成水景及周边空间的良好绿色背景，与之对应的水景对岸的一处干净草坪，为主人提供了更多的休憩空间。亭、台空间亲临水景，景观由高至低层层下跌至草坪空间，更富层次感。

庭园中配置了较为丰富的植物，有观叶的，如红花檵木、龟甲冬青、大叶黄杨、一叶兰等，有赏果的，如柑橘，有观花的，如杜鹃花、矮牵牛等，确保一年四季均有生动的景观可赏。